"十三五"全国高等院校民航服务专业规划教材

飞机客舱设备与使用

主　编◎高　宏　魏丽娜

副主编◎宋晓晨　路　攀

Operation of Aircraft Cabin Equipments

清华大学出版社

北　京

内 容 简 介

根据教材的使用对象和教学要求，本书采取分篇结构，以满足不同教学内容与环节的要求。全书共三篇，分别是客舱设备与客舱安全、主要机型设备以及机上通用应急设备。客舱设备与客舱安全篇介绍了客舱设备的属性、发展与安全，客舱系统与设备的布局，客舱设备的使用功能与管理，客舱设备的人文因素。主要机型设备篇介绍了波音737—800型及空客320型飞机的主要客舱设备的原理及操作，包括厨房与卫生设备、出入机舱设备、乘务员控制面板、机内通信系统等。机上通用应急设备篇介绍了应急供氧设备、客舱灭火设备、飞机舱门及自备梯、客舱服务设备、客舱应急设备和客舱系统等内容。本书在编写过程中在注重讲解理论基础知识的同时，还提供了飞机上大量真实的照片，这种图文并茂的编排方式使学生学有所依；在理论知识学习与实际工作紧密结合的基础上讲解内容要点，能够使学生学以致用，拓展学生学习的视野及航空专业的相关知识。

图书在版编目（CIP）数据

飞机客舱设备与使用/高宏，魏丽娜主编. —北京：清华大学出版社，2019（2024.2重印）
（"十三五"全国高等院校民航服务专业规划教材）
ISBN 978-7-302-52106-8

I. ①飞… II. ①高…②魏… III. ①飞机-客舱-高等学校-教材 IV. ① V223

中国版本图书馆CIP数据核字（2019）第011261号

责任编辑：杜春杰
封面设计：刘　超
版式设计：王凤杰
责任校对：黄　萌
责任印制：沈　露

出版发行：清华大学出版社
　　　　网　　　址：https://www.tup.com.cn，https://www.wqxuetang.com
　　　　地　　　址：北京清华大学学研大厦A座　　邮　　编：100084
　　　　社　总　机：010-84370000　　　　　　　　邮　　购：010-62786544
　　　　投稿与读者服务：010-62776969，c-service@tup.tsinghua.edu.cn
　　　　质　量　反　馈：010-62772015，zhiliang@tup.tsinghua.edu.cn
印　装　者：三河市少明印务有限公司
经　　　销：全国新华书店
开　　　本：185mm×260mm　　　印　　张：10　　　字　　数：242千字
版　　　次：2019年5月第1版　　　　　　　印　　次：2024年2月第10次印刷
定　　　价：39.80元

产品编号：079571-01

"十三五"全国高等院校民航服务专业规划教材
丛书主编及专家指导委员会

丛 书 总 主 编　刘　永（北京中航未来科技集团有限公司董事长兼总裁）

丛 书 副 总 主 编　马晓伟（北京中航未来科技集团有限公司常务副总裁）

丛 书 副 总 主 编　郑大地（北京中航未来科技集团有限公司教学副总裁）

丛 书 总 主 审　朱益民（原海南航空公司总裁、原中国货运航空公司总裁、原上海航空公司总裁）

丛 书 英 语 总 主 审　王　朔（美国雪城大学、纽约市立大学巴鲁克学院双硕士）

丛 书 总 顾 问　沈泽江（原中国民用航空华东管理局局长）

丛 书 总 执 行 主 编　王益友［江苏民航职业技术学院（筹）院长、教授］

丛 书 艺 术 总 顾 问　万峻池（美术评论家、著名美术品收藏家）

丛书总航空法律顾问　程　颖（荷兰莱顿大学国际法研究生、全国高职高专"十二五"规划教材《航空法规》主审、中国东方航空股份有限公司法律顾问）

丛书专家指导委员会主任

关云飞（长沙航空职业技术学院教授）

张树生（国务院津贴获得者，山东交通学院教授）

刘岩松（沈阳航空航天大学教授）

宋兆宽（河北传媒学院教授）

姚　宝（上海外国语大学教授）

李剑峰（山东大学教授）

孙福万（国家开放大学教授）

张　威（沈阳师范大学教授）

成积春（曲阜师范大学教授）

"十三五"全国高等院校民航服务专业规划教材编委会

出 版 说 明

随着经济的稳步发展，我国已经进入经济新常态的阶段，特别是十九大指出：中国社会主要矛盾已经转化为人民日益增长的美好生活需要和不平衡不充分的发展之间的矛盾，这客观上要求社会服务系统要完善升级。作为公共交通运输的主要组成部分，民航运输在满足人们对美好生活追求和促进国民经济发展中扮演着重要的角色，具有广阔的发展空间。特别是"十三五"期间，国家高度重视民航业的发展，将民航业作为推动我国经济社会发展的重要战略产业，预示着我国民航业将会有更好、更快的发展。从国产化飞机 C919 的试飞，到宽体飞机规划的出台，以及民航发展战略的实施，标志着我国民航业已经步入崭新的发展阶段，这一阶段的特点是以人才为核心，而这一发展模式必将进一步对民航人才质量提出更高的要求。面对民航业发展对人才培养提出的挑战，培养服务于民航业发展的高质量人才，不仅需要转变人才培养观念，创新教育模式，更需要加强人才培养过程中基本环节的建设，而教材建设就是其首要的任务。

我国民航服务专业的学历教育经过 18 年的探索与发展，其办学水平、办学结构、办学规模、办学条件和师资队伍等方面都发生了巨大的变化，专业建设水平稳步提高，适应民航发展的人才培养体系初步形成。但我们应该清醒地看到，目前我国民航服务类专业的人才培养仍存在着诸多问题，特别是专业人才培养质量仍不能适应民航发展对人才的需求，人才培养的规模与高质量人才短缺的矛盾仍很突出。而目前相关专业教材的开发还处于探索阶段，缺乏系统性与规范性。已出版的民航服务类专业教材，在吸收民航服务类专业研究成果方面做出了有益的尝试，涌现出不同层次的系列教材，推动了民航服务的专业建设与人才培养，但从总体来看，民航服务类教材的建设仍落后于民航业对专业人才培养的实践要求，教材建设已成为相关人才培养的瓶颈。这就需要以引领和服务专业发展为宗旨，系统总结民航服务实践经验与教学研究成果，开发全面反映民航服务职业特点、符合人才培养规律和满足教学需要的系统性专业教材，以积极、有效地推进民航服务专业人才的培养工作。

基于上述思考，编委会经过两年多的实际调研与反复论证，在广泛征询民航业内专家的意见与建议，总结我国民航服务类专业教育的研究成果后，结合我国民航服务业的发展趋势，致力于编写出一套系统的、具有一定权威性和实用性的民航服务类系列教材，为推进我国民航服务人才的培养尽微薄之力。

本系列教材由沈阳航空航天大学、南昌航空大学、郑州航空工业管理学院、上海民航职业技术学院、长沙航空职业技术学院、西安航空职业技术学院、中原工学院、上海外国语大学、山东大学、大连外国语大学、沈阳师范大学、曲阜师范大学、湖南艺术职业学院、陕西师范大学、兰州大学、云南大学、四川大学、湖南民族职业学院、江西青年职业学院、天津交通职业学院、潍坊职业学院、南京旅游职业学院等多所高校的众多资深专家和学者共同打造，还邀请了多名原中国东方航空公司、原中国南方航空公司、原中国国际航空公司和原海南航空公司中从事多年乘务工作的乘务长和乘务员参与教材的编写。

目前，我国民航服务类的专业教育呈现着多元化、多层次的办学格局，各类学校的办学模式也呈现出个性化的特点，在人才培养体系、课程设置以及课程内容等方面，各学校之间存在着一定的差异，对教材也有不同的需求。为了能够更好地满足不同办学层次、教学模式对教材的需要，本套教材主要突出以下特点。

第一，兼顾本、专科不同培养层次的教学需要。鉴于近些年我国本科层次民航服务专业办学规模的不断扩大，在教材需求方面显得十分迫切，同时，专科层面的办学已经到了规模化的阶段，完善与更新教材体系和内容迫在眉睫，本套教材充分考虑了各类办学层次的需要，本着"求同存异、个性单列、内容升级"的原则，通过教材体系的科学架构和教材内容的层次化，以达到兼顾民航服务类本、专科不同层次教学之需要。

第二，将最新实践经验和专业研究成果融入教材。服务类人才培养是系统性问题，具有很强的内在规定性，民航服务的实践经验和专业建设成果是教材的基础，本套教材以丰富理论、培养技能为主，力求夯实服务基础、培养服务职业素质，将实践层面行之有效的经验与民航服务类人才培养规律的研究成果有效融合，以提高教材对人才培养的有效性。

第三，落实素质教育理念，注重服务人才培养。习近平总书记在党的十九大报告中强调，"要全面贯彻党的教育方针，落实立德树人根本任务，发展素质教育，推进教育公平，培养德智体美全面发展的社会主义建设者和接班人"，人才以德为先，以社会主义价值观铸就人的灵魂，才能使人才担当重任，也是高校人才培养的基本任务。教育实践表明，素质是人才培养的基础，也是人才职业发展的基石，人才的能力与技能以精神与灵魂为附着，但在传统的民航服务教材体系中，包含素质教育板块的教材较为少见。根据党的教育方针，本套教材的编写考虑到素质教育与专业能力培养的关系，以及素质对职业生涯的潜在影响，首次在我国民航服务专业教学中提出专业教育与人文素质并重，素质决定能力的培养理念，以独特的视野精心打造素质教育教材板块，使教材体系更加系统，强化了教材特色。

第四，必要的服务理论与专业能力培养并重。调研分析表明，忽视服务理论与人文素质所培养出的人才很难有宽阔的职业胸怀与职业精神，其未来的职业生涯发展就会乏力。因此，教材不应仅是对单纯技能的阐述与训练指导，更应该是不淡化专业能力培养的同时，强化行业知识、职业情感、服务机理、职业道德等关系到职业发展潜力的要素的培养，以期培养出高层次和高质量的民航服务人才。

第五，架构适合未来发展需要的课程体系与内容。民航服务具有很强的国际化特点，而我国民航服务的思想、模式与方法也正处于不断创新的阶段，紧紧把握未来民航服务的发展趋势，提出面向未来的解决问题的方案，是本套教材的基本出发点和应该承担的责任。我们力图将未来民航服务的发展趋势、服务思想、服务模式创新、服务理论体系以及服务管理等内容进行重新架构，以期能对我国民航服务人才培养，乃至整个民航服务业的发展起到引领作用。

第六，扩大教材的种类，使教材的选择更加宽泛。鉴于我国目前尚缺乏民航服务专业更高层次办学模式的规范，各学校的人才培养方案各具特点，差异明显，为了使教材更适合于办学的需要，本套教材打破了传统教材的格局，通过课程分割、内容优化和课外外延化等方式，增加了教材体系的课程覆盖面，使不同办学层次、关联专业，可以通过教材合理组合获得完整的专业教材选择机会。

　　本套教材规划出版品种大约为四十种，分为：① 人文素养类教材，包括《大学语文》《应用文写作》《艺术素养》《跨文化沟通》《民航职业修养》《中国传统文化》等。② 语言类教材，包括《民航客舱服务英语教程》《民航客舱实用英语口语教程》《民航实用英语听力教程》《民航播音训练》《机上广播英语》《民航服务沟通技巧》等。③ 专业类教材，包括《民航概论》《民航服务概论》《中国民航常飞客源国概况》《民航危险品运输》《客舱安全管理与应急处置》《民航安全检查技术》《民航服务心理学》《航空运输地理》《民航服务法律实务与案例教程》等。④ 职业形象类教材，包括《空乘人员形体与仪态》《空乘人员职业形象设计与化妆》《民航体能训练》等。⑤ 专业特色类教材，包括《民航服务手语训练》《空乘服务专业导论》《空乘人员求职应聘面试指南》《民航面试英语教程》等。

　　为了开发职业能力，编者联合有关 VR 开发公司开发了一些与教材配套的手机移动端 VR 互动资源，学生可以利用这些资源体验真实场景。

　　本套教材是迄今为止民航服务类专业较为完整的教材系列之一，希望能借此为我国民航服务人才的培养，乃至我国民航服务水平的提高贡献力量。民航发展方兴未艾，民航教育任重道远，为民航服务事业发展培养高质量的人才是各类人才培养部门的共同责任，相信集民航教育的业内学者、专家之共同智慧，凝聚有识之士心血的这套教材的出版，对加速我国民航服务专业建设、完善人才培养模式、优化课程体系、丰富教学内容，以及加强师资队伍建设能起到一定的推动作用。在教材使用的过程中，我们真诚地希望听到业内专家、学者批评的声音，收到广大师生的反馈意见，以利于进一步提高教材的水平。

丛 书 序

《礼记·学记》曰："古之王者，建国君民，教学为先。"教育是兴国安邦之本，决定着人类的今天，也决定着人类的未来，企业发展也大同小异，重视人才是企业的成功之道，别无二选。航空经济是现代经济发展的新趋势，是当今世界经济发展的新引擎，民航是经济全球化的主流形态和主导模式，是区域经济发展和产业升级的驱动力。作为发展中的中国民航业，有巨大的发展潜力，其民航发展战略的实施必将成为我国未来经济发展的增长点。

"十三五"期间正值实现我国民航强国战略构想的关键时期，"一带一路"倡议方兴未艾，"空中丝路"越来越宽阔。面对高速发展的民航运输，需要推动持续的创新与变革；同时，基于民航运输的安全性和规范性的特点，其对人才有着近乎苛刻的要求，只有人才培养先行，夯实人才基础，才能抓住国家战略转型与产业升级的巨大机遇，实现民航运输发展的战略目标。经过多年民航服务人才发展的积累，我国建立了较为完善的民航服务人才培养体系，培养了大量服务民航发展的各类人才，保证了我国民航运输业的高速持续发展。与此同时，我国民航人才培养正面临新的挑战，既要通过教育创新，提升人才品质，又需要在人才培养过程中精细化，把人才培养目标落实到人才培养的过程中，而教材作为专业人才培养的基础，需要先行，从而发挥引领作用。教材建设发挥的作用并不局限于专业教育本身，其对行业发展的引领，专业人才的培养方向，人才素质、知识、能力结构的塑造以及职业发展潜力的培养具有不可替代的作用。

我国民航运输发展的实践表明，人才培养决定着民航发展的水平，而民航人才的培养需要社会各方面的共同努力。我们惊喜地看到，清华大学出版社秉承"自强不息，厚德载物"的人文精神，发挥强势的品牌优势，投身到民航服务专业系列教材的开发行列，改变了民航服务教材研发的格局，体现了其对社会责任的担当。

本套教材体系组织严谨，精心策划，高屋建瓴，深入浅出，具有突出的特色。第一，从民航服务人才培养的全局出发，关注了民航服务产业的未来发展趋势，架构了以培养目标为导向的教材体系与内容结构，比较全面地反映了服务人才培养趋势，具有良好的统领性；第二，很好地回归了教材的本质——适用性，体现在每本教材均有独特的视角和编写立意，既有高度的提升、理论的升华，也注重教育要素在课程体系中的细化，具有较强的可用性；第三，引入了职业素质教育的理念，补齐了服务人才素质教育缺少教材的短板，可谓是对传统服务人才培养理念的一次冲击；第四，教材编写人员参与面非常广泛。这反映出本套教材充分体现了当今民航服务专业教育的教学成果和编写者的思考，形成了相互交流的良性机制，势必对全国民航服务类专业的发展起到推动作用。

教材建设是专业人才培养的基础，与其服务的行业的发展交互作用，共同实现人才培养——

社会检验的良性循环是助推民航服务人才的动力。希望这套教材能够在民航服务类专业人才培养的实践中，发挥更广泛的积极作用。相信通过不断总结与完善，这套教材一定会成为具有自身特色的、适应我国民航业发展要求的，以及深受读者喜欢的规范教材。

　　此为序。

原海南航空公司总裁、原中国货运航空公司总裁、原上海航空公司总裁

朱益民

2017 年 9 月

前　　言

走进现代大型客机的客舱，我们由衷地佩服飞机客舱设计人员所做出的贡献——他们在有限的空间内，尽可能通过柔和的灯光、合适的温度、舒适的座椅、精心设计的行李箱储物柜、操作便捷的厨卫设备、多种多样的娱乐服务设施，以及必备的应急设备，给人们提供了一个安全、方便、舒适的空中运行环境。而要保持这种良好的运行环境，既是飞行空乘人员的职责所在，也需要乘客的高度配合。中国正处于由民航大国向民航强国跨越的重要历史时期，民航运输业的迅猛发展引发对空乘人员的旺盛需求。与此同时，中国民航运输市场的竞争愈演愈烈，民航运输企业需要大量素质高、动手能力强、具有较长职业持久力的应用型高级空乘人才，这成为高等教育面临的一项新任务，也是我们编写本教材的初衷。

本教材从培养高级应用型人才的总体目标出发，结合学生今后实际工作需要，力求通过教材的内容及其展开逻辑，让学生掌握客舱服务岗位所需要的客舱设备的专业知识和操作技能。为了更全面地表述客舱设备使用知识与操作技能，教材参考了国内外有关文件、性能手册、大量网站资源和航空公司材料，在取材上尽量选取和客舱服务工作相关的内容，使之更加适合民航专业人员及非专业人员的需要。同时，为了更形象地展示客舱设备形貌，教材中尽可能多地收集各种机型的图片，增强读者的感性认识。在教材内容的取舍上，本教材兼顾空中乘务本、专科层次的专业课程教学需要，设计了客舱设备与安全，客舱设备的发展及人文因素，客舱布局，机型安全设备，各个设备在不同机型中的位置、使用方法及预先准备阶段检查的注意事项等内容。本教材旨在培养学生具备熟练操作客舱设备与系统的能力；熟练运用客舱设备与系统提供各种客舱服务的能力；维护客舱及旅客安全的能力，遇突发事件，知道基本的处理方法和工作流程，能有效组织旅客快速逃生。

本教材囊括了编者团队十余年教学实践的感悟与总结，试图更全面地满足客舱服务岗位的技能需求，遵循学生培养过程的基本规律。本教材特别强调，客舱设备的使用与操作训练过程，需要与培养牢固的安全意识密切结合，全面提高服务人员的综合素质，以最大限度地消除人为因素对客舱安全的影响。在教材编写中，编写团队查阅、参考了大量的书刊和资料，在此谨向被引用的书刊和资料的作者致以诚挚的谢意。同时，由于编写水平和时间的限制，本教材定有诸多不妥之处，恳请专家和读者提出宝贵意见与建议，以便再版时改正与完善。

编　　者

2018 年 5 月

CONTENTS 目录

上 篇
客舱设备与客舱安全

中　篇
主要机型设备

下 篇
机上通用应急设备

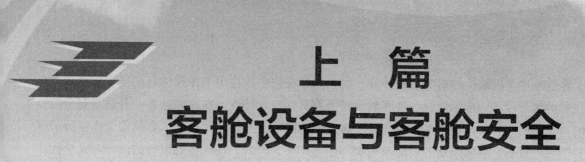

上 篇
客舱设备与客舱安全

　　民用航空运输源自 20 世纪初期，距今已有百余年的历史。早期受机械可靠度和天气等因素限制，搭乘飞机旅行往往被看作一种冒险行为，直到 20 世纪 60 年代后期，喷气式飞机的发展和客舱设备的不断完善，为旅客提供了快捷而且平稳舒适的旅途环境，搭机旅行才逐渐被大众所接受。如今民用航空运输网络遍布全世界，以其快捷、机动和安全的优点，成为现代运输业的中流砥柱。客舱作为民用飞机中容纳旅客的场所，从最初的简陋、噪声大逐步发展到了如今的舒适、便捷、安全以及智能化，未来还将继续朝着多元化的乘机体验方向发展。

第一章　客舱设备与安全概述

　　客舱既是飞机结构的重要组成部分，也是旅客在空中旅途中工作和休息的场所。现代民航飞机的客舱设备一应俱全，各种客舱设备既有共性又有特性，在保障旅客的舒适与安全的同时，也能给旅客带来愉快的乘机体验。客舱设备的发展经历了百余年，客舱安全也经历了漫长的发展过程，客舱设备的功能及种类不断地拓展，同时，现代客舱设备的设计对安全性给予了充分考虑，为乘客机上体验提供了保障条件。

第一节　客舱设备的介绍

一、客舱设备的概念

　　一般而言，民用飞机的客舱设备是指直接为旅客提供旅途必要的工作和生活保障，以及对各种应急情况提供安全保障的一切设备，主要有：客舱内的旅客座椅及机上乘务员座椅；衣帽间、储藏室，以及包括分舱板、侧壁装饰板、天花板、顶部行李箱、座椅装饰面罩和地毯在内的客舱内装饰；厨房柜；机组人员与旅客应急撤离和救生设备；盥洗室；供水与污水处理系统；等等。这些设备不仅各具独特的功能，同时通过控制系统使其成为统一的整体，能与乘客实现良好的互动。

二、客舱设备的分类

　　按照客舱设备不同的定义范围，可以做如下分类。

（一）通用类设备

　　（1）舱内装饰，包括客舱的机身内蒙皮。

　　（2）舱内防火、灭火及应急设施。

　　（3）舱内卫生设施，包括舱内简易的卫生设备和典型的盥洗室及其配套设施。

　　（4）舱内饮食存放设施，包括简易的食品以及饮料的存放装置，以及典型的厨房柜装置与配套设施。

　　（5）其他杂项设施，包括驾驶舱内折叠式书写台板等。

（二）专用类设备

（1）机上人员座椅，包括旅客座椅、空乘人员座椅等。

（2）卧铺和吊篮。

（3）旅客小件行李存放装置，包括客舱顶部行李存放箱、椅下行李限动杆等。

（4）储藏室、衣帽间，包括机组人员专用的存放箱、宠物存放箱等。

（5）舱内降噪设施。

（6）货物装卸设施。

（7）货物限动设施。

（8）货物集装设施。

（9）货物传输设施。

（10）空投设施（不包括降落伞）。

（11）货物其他辅助设施。

三、客舱设备的特征

民用客机的机内设施设备的要求应达到或超过《中国民用航空规章》中所规定的有关要求。此外，各项机内设备的设计还须满足国内外用户提出的性能、使用、维护等方面的综合要求，具有一定的特殊性。

（一）使用性

（1）对没有乘坐经验，但具有一定文化水平的乘客或操作水平一般的维护工作人员，能够做到不加指导或稍加指导即可使用、操作舱内一切有关设施，且不出现技术上的偏差。

（2）机内设施设备要具有多用途、多功能，且性能完全满足使用要求。

（3）兼顾特殊旅客（老、弱、病、残、孕等旅客）的使用要求，且不增加或少增加辅助、附加设备。

（4）所有设施设备能在任何航线环境中使用，且其性能保持不变。

（5）所有设施设备的设置不影响飞机其他系统和设施设备的正常工作和使用。

（二）舒适性

（1）对民航客机而言，应能够最大限度地提供能使旅客在航程中感到舒适、愉快的旅途生活设施设备，对续航时间长的客机，所提供的旅途生活设施设备应能减轻旅客的疲劳。

（2）舱内所设置的各种服务设施的数量和服务空间尺寸，等于并力求大于规定的使用标准。

（3）那些直接由旅客操作的可调节的设施，要选择范围多、调节范围大、调节方便、操作简单，且不影响或少影响邻近旅客。

（4）有关的舱内设施设备能进行由于舒适性要求而引起的各种临时性的改装，且这种改装是简单、方便和可靠的。

（三）安全性

（1）确保全部机内设施设备在飞机飞行期间，不会发生妨碍飞机安全飞行和着陆的任何单独的直接故障或诱导故障。

（2）一切机内设施设备的设计，应保证消除或减少其在使用和维护过程中可能引起不安全飞行的人为偏差。

（3）一切机内设施设备的设计，要能够使自然环境的影响因素降到最低限度，并且一旦发生这种影响，将不会导致飞机的不安全飞行。

（4）一切机内设施设备（和系统）的接口设计，要能够确保当出现局部故障时，不会引起主要系统的故障与失效。

（5）对一些可能引起不安全因素的机内设施或系统，设置可靠的安全装置及险情报警装置。这些险情报警装置具备通过目视或仪器检查，即可判断该装置是否失效的功能，并且这些险情报警装置或指示装置本身的失效，不应引发飞机的不安全飞行。

（四）维护性

（1）机内设施设备或系统在设计使用寿命期内，必须经常或定期进行检查。定期更换部分零、组件的部位，具有装、拆方便且不降低该设施设备性能或不损坏该设施设备的保障措施。

（2）在保证使用功能的前提下，机内设施设备设计成组合式结构，在使用常规工具的条件下，能快速地对该组合式结构进行分解，以使维护工作量和维护成本降到最低限度。

（3）一切机内设施设备具有范围尽可能大的互换性，包括飞机与飞机之间的、同一架飞机内的、同一种设施之间的和同一种设施内的局部零、组件之间的互换性。

（4）机内设施设备在做机上维护时，具有良好的开敞性和可达性，它包括设施设备自身的维护开敞性、可达性以及提供其他系统或设施维护通道的开敞性、可达性。

（5）对设有指示器和监控器的机内设施设备和系统，该指示器和监控器应置于维护时容易观察到的范围（距离、高度）内。此外，在相应的维护点附近合理的部位（包括机身结构或该设施的结构上），设置永久性的和醒目的说明维护要求的标牌。

（6）一切机内设施设备和系统，具有防止错误的维护操作和防止维护操作失误的措施。

（7）一切机内设施设备和系统，在正常的维护工作中，不应发生任何导致维护人员或机上服务人员面临危害的情况。

（8）对维护人员的技术水平只要求中等水平即可胜任全部的维护工作。

（9）对任何一项机内设施设备或一个系统，只需要最少量的维护操作人员。例如，通常只需要一个具有中等技术水平的维护人员即可轻松、快速地胜任该设施设备或系统的全部维护工作。

（五）经济性

（1）一切机内设施设备的设计，充分地吸取和采用了其他制造厂商的研究成果。努力贯彻简单设计的原则，以降低自身的研究设计成本。

（2）一切机内设施设备系统，在满足性能及要求的前提下，采用常规的、成熟的材料，以降低材料成本。

（3）一切机内设施设备在零、组件的设计中，在保证产品质量和生产效率的前提下，采用常规的加工设备、成熟的工艺，减少加工模具，减少加工工时，以降低生产成本。

（4）一切机内设施设备及系统，充分采用现成的满足功能要求的零、组件及标准件；充分采用标准化、系列化设计，使所设计的设施具有最大的通用性，从而提高该设施的产量，进而降低生产成本。

（5）一切机内设施设备和系统，采用有互换性的成品附件和零、组件，以提高设施的使用寿命和效率。

（6）一切机内设施设备，应实现减少维护（包括维护项目和维护周期）和简化维护，以降低维护成本。

（7）合理地降低各种消耗，从而降低设施设备和系统在航线上的使用成本。

四、客舱设备的属性

客舱设备的共有属性是服务设备，根据服务的对象、服务的时机以及服务的内容不同，某些客舱设备又具有安全设备、娱乐设备等特有属性。

（一）服务设备属性

客舱是旅客在旅途中工作和休息的空间，客舱设备首先要具备服务设备属性，直接或间接为旅客服务，为其提供舒适的旅途环境。直接服务设备是指直接被旅客所使用的设备，如旅客座椅、行李架、阅读灯、盥洗室、衣帽间等。间接服务设备是指由乘务员操控，间接服务于旅客的设备，如乘务员控制面板、舱门、厨房设备等。

（二）安全设备属性

客舱设备除了为旅客提供基础服务之外，还必须能够应对机上突发事件，供避灾、逃生以及救护时使用，对机上人员的生命安全和财产安全给予保障。因此某些客舱设备兼具安全设备的特有属性，如应急供氧设备、防火及灭火设备、应急医疗设备和紧急撤离设备等。

（三）娱乐设备属性

现代民用飞机的客舱在保证舒适性、安全性的前提下，逐渐追求便捷性和娱乐性，力求提高旅客的乘机体验。因此，某些客舱设备还要兼具娱乐设备的属性，如音乐播放设备、视频播放设备等。

第二节　客舱设备的发展

一、早期客舱设备

最早的固定翼航空器定期商业客运开始于 1914 年 1 月 1 日，由 Benoist XIV 型水上飞机完成往返于圣彼得堡市和坦帕市之间的旅游航线飞行，但其只能在开放式座舱内容纳飞行员和一名乘客,如图1-1所示。第一次世界大战之后,大量军用飞机被欧美各国政府低价抛售,使民航运输业逐渐发展起来。当时的北洋政府也向英国的Vicker公司订购了由FB-27重型轰炸机演变而来的"大维美商用运输机",它为封闭式座舱,载客容量为10人,如图1-2所示。20世纪20年代,英国的Imperial Airways公司和美国的Western Air Express公司、Pan Am公司引入男性空乘人员,为机上乘客服务;1928年,德国的Lufthansa公司首次在巴黎—柏林线上通过机上餐车提供热餐,如图1-3所示。同一时期,1921年的芝加哥世界博览会期间,一架载有11名观光客的寇蒂斯F5L水陆两用飞机上首次播放了电影,如图1-4所示。

图1-1 Benoist XIV型水上飞机

图1-2 大维美商用运输机

图1-3 客舱内提供热餐

图1-4 客舱内播放电影

在商业航空兴起初期的20世纪20年代,旅客乘坐飞机飞行的感觉并不愉快,主要因为当时客舱的噪声实在太大。巨大的发动机噪声使得乘客几乎无法在飞机上相互交谈,更严重的甚至会导致某些无经验的乘客在飞行结束后的一个小时或更长的时间内产生听力障碍。

二、客舱设备的演变

自20世纪30年代起,有一批优秀的飞机公司迅速崛起,一系列经典的不同型号的飞机问世,民航运输业进入了一个全新发展的鼎盛时期。1928年,波音公司第一种专门设计的民用客机80型问世,可载12人。80型外形稍显过时,但客舱已经具备了现代客舱的元素,如皮质的装有软垫的座椅、暖气、冷热饮用水、乘客头上的阅读灯和行李架,以及常备药物等如图1-5所示。另外首次出现了女性乘务员,如图1-6所示。1931年,波音公司研制了一种新型民用飞机,也就是航空史上著名的B-247型客机,如图1-7所示。作为第一种完全意义上的现代运输机,它不仅结构设计前卫,还特别重视乘坐的舒适性:载客10人,并可装载181千克的邮件;客舱内安装隔音和恒等温设施;设有洗手间。B-247型客机客舱如图1-8所示。

图 1-5 80 型飞机客舱

图 1-6 80 型飞机乘务员

图 1-7 B-247 型外形

图 1-8 B-247 型客舱

与此同时,麦克唐纳·道格拉斯公司为与波音公司的 B-247 竞争,推出加长型的 14 座 DC-2,其速度更快、载客更多、内部空间也更宽敞。之后麦克唐纳·道格拉斯公司又开发了加宽机身、21 座可带卧铺的 DC-3,它是第一种带有空中厨房提供热食的机型,如图 1-9 所示。DC-3 型以其 2.34 米宽的客舱以及空中厨房将商用飞机的舒适性提高了一个档次,同时航空公司开始供应杯子和袋子,应对颠簸造成的乘客晕机情况,以及乘客的进餐需求。

图 1-9 DC-3 型客舱

随着更强大的发动机和增压系统在 20 世纪 30 年代后期的出现,波音公司的 B-307 型平流层客机成为第一架拥有客舱增压系统的商用运输机。它可以在万米高空中飞行,避开大部分天气变化造成的影响,为旅客在高空飞行时提供舒适的客舱压力强度而不受稀薄空气的影响。

20 世纪 40 年代,波音公司的 B-377 型飞机("同温层巡航者")被誉为"螺旋桨飞机的终极奢华"。它具有极致奢华的双层客舱大空间设计,上面有卧铺,下面有酒吧,通过螺旋楼梯将上下层客舱巧妙相连,如图 1-10 和图 1-11 所示。

图 1-10 B-377 型上层客舱   图 1-11 B-377 型下层客舱

第二次世界大战结束之后，当时的飞机采用活塞式动力装置，不仅速度慢，飞行高度低，而且当天气条件恶劣时会致使飞机强烈颠簸，乘客的乘坐舒适度低，甚至可能呕吐不止。喷气式飞机的出现是民航技术的一次跃升，不仅使民航飞机的速度提高，而且使飞行高度跨越到平流层，提升了安全性和舒适性。1958 年，波音公司交付了世界上第一架成功的商业民航客机 B707，它是中型、长航程、窄体、四发、200 座级喷气客机，客舱的宽度达 147 英寸（3.7338 米），每个机身框架上都有一个窗口，虽然窗口变小了，但靠窗的乘客平均可享受一个以上的窗口，如图 1-12 所示。此外，B707 的行李架是可关闭的，比开放式行李架提供的存储空间更多。波音公司也是凭借 B707 的成功，执掌了民航运输机的生产近半个世纪，之后发展出的各型号喷气客机都取得了各个国家的航空公司较高的认可度。

20 世纪 60 年代，波音公司推出了"被称为世界航空史上最成功的民航客机"——B737。波音 737 系列飞机是波音公司生产的一种中短程双发喷气客机，它是民航历史上最成功的窄体民航客机系列之一。波音 737-800 飞机是最卖座的 150 座级民航客机，它首次取消了飞航机械员，客舱更平滑的弧线形天花板提升了整体客舱环境，采用了灵活内饰，航空公司可以在很短的时间内，将客舱布局从公务舱的每排 5 座改成经济舱的每排 6 座，方便变换客舱布局，如图 1-13 所示。

图 1-12 B707 客舱   图 1-13 B737-800 客舱

20 世纪 60 年代末，波音公司在美国空军的主导下又推出了大型商用远程宽体客 / 货运输机——B747。它也是世界上第一款宽体民用飞机，客舱宽度约 6.1 米，350 座级，经济舱采用 3-4-3 布局及两层客舱的布局方案，驾驶室置于上层前方，其后是较短的上层客舱。公务舱在上层客舱，主客舱前部设有公务舱，中部可设头等舱，经济舱在后部，客舱地板下是货舱，如图 1-14 所示。在 B747 服务运营的前 10 年，不少航空公司利用其内部空间设置酒吧、休息室或餐厅等豪华设施，如图 1-15 和图 1-16 所示。此外，"揭鼻式"前端货门可以方便装卸货物。继 B747 之后，波音公司又陆续推出了 B757 / 767 / 777 / 787 等一系列机型，客座数、航程、经济性能等方面满足了航空公司多元化的需求。

图 1-14　B747-100 型

图 1-15　B747 头等舱"空中餐厅"

图 1-16　B747 钢琴酒吧

20 世纪 70 年代，欧洲的空中客车公司也逐渐成长起来，1973 年推出了欧洲首架宽体客机——A300，如图 1-17 所示。它具有 300 座级别飞机中最宽的机身截面（5.64 米），宽敞的客舱为乘客提供了更好的舒适性，宽大的头顶行李舱提供了较大的随身行李存储空间，飞机上可配备一系列满足远程航线乘客需要的飞行娱乐和通信系统。同时客舱的空调系统提供了平稳的空气调节功能，并可根据乘客所在客舱的位置调节温度。1988 年，空中客车公司推出了单通道双发中短程窄体 150 座级客机——A320，它是世界上首先采用"玻璃座舱"的客机，双水泡形机身截面大大提高了货舱中装运行李和集装箱的能力，其客舱舒适而宽敞，如图 1-18 所示。随后空中客车公司又推出了 A330 / A340 / A380 等一系列民航客机，在载客量和航程上与波音公司对抗，抢占民航运输市场。

图 1-17　A300 客舱

图 1-18　A320 客舱

三、现代客舱设备

20 世纪 90 年代，民航客机进入更快、更安全、更环保、更经济和更舒适的空中旅行的新时代，越来越强调提高乘客的飞行体验。空中客车公司的 A380 和波音公司的 B787 客机极具代表性，很好地诠释了高效、舒适、奢华的乘机体验。

空中客车 A380 是空中客车公司于 1996 年 4 月研制的四引擎、555 座级超大型远程宽体客机，航程 15 200 千米，有"空中巨无霸"之称。A380 客机是目前世界上唯一采用全机身长度双层客舱的民航客机，在典型三舱等（头等舱—商务舱—经济舱）布局下可承载 555 名乘客，采用最高密度座位安排时可承载 861 名乘客，如图 1-19 ～图 1-22 所示。考虑到乘客的舒适性，空中客车 A380 还使用了更高效的空气过滤设备，舱内的环境更接近自然，220 个舷窗让机舱内充满更多的自然光。

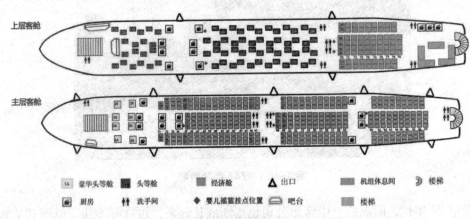

图 1-19　A380 客舱布局

图 1-20　A380 经济舱

图 1-21 A380 商务舱

图 1-22 A380 头等舱

A380 的机舱配备了为客机研发的先进的机上娱乐系统，如光纤配电网络使乘客在选择电影、视频游戏和电视节目时灵活。在飞机上，乘客可以使用便携式计算机，也可以打电话。此外，A380 机舱有更多的开放空间，如商务中心、酒吧或其他的娱乐区，按照不同航空公司的需求而定，如图 1-23 所示。宽大的空间可为头等舱的乘客安排私人套间，甚至提供包括淋浴设施在内的浴室，如图 1-24 所示。

图 1-23 A380 内的空中酒吧

图 1-24 A380 头等舱内的奢华大床

2004 年，波音公司正式启动一款中型双发宽体中远程运输机 B787，它属于 200 ～ 300 座级客机，让中型飞机尺寸与大型飞机航程完美结合，以 0.85 倍音速飞行，具有在同座级的飞机中无与伦比的航程能力与英里成本经济性，又被称为"梦想客机"。航空旅行的相关调查揭示了乘客在飞行体验产生的各种症状与抱怨。B787 在设计中力求营造更宜人的客舱环境，如更平稳的飞行、更低的座舱高度、更清新的空气以及更安静的客舱，进而提升乘客的整体飞行体验。在客舱尺寸方面，B787 比其他中型飞机宽敞，座椅宽度增加，为每名乘客创造出更大的个人空间；通道宽度增加，使乘客可以轻松绕过正在供餐的餐车，如图 1-25 ～图 1-27 所示。在客舱空气质量方面，B787 引入新型气体过滤系统，使空气更清新，减少乘客的头疼、头昏，以及因干燥引起的咽喉刺激与眼部刺激等症状。在客舱高度方面，B787 客舱气压以电动的空气压缩机维持，不使用引擎放气带入的空气；客舱最高压力高度为 1 228 米，而不是其他飞机的 2 438 米，从而减少乘客的头疼与头昏等症状，使疲劳感减轻。在灯光设计方面，B787 客舱内以发光二极管（LED）提供照明，营造出头顶即是天空的感觉，并且具有可以由乘客调整透明度的电子遮光帘。在舷窗设计方面，B787 的舷窗与前几种型号的飞机相比，规格是最大的，窗的位置亦更高，所以无论坐在飞机的什么位置，乘客都能看到地平线。此外，多家航空公司已在客舱中设置带有 30° 倾斜角的"反鱼骨式座椅"，营造旅客的私密空间，如图 1-28 所示。

图 1-25　B787 经济舱

图 1-26　B787 商务舱

图 1-27　B787 头等舱

图 1-28　反鱼骨式座椅

　　2005 年，空中客车公司开始研制双发远程宽体客机 A350，它集中了空中客车公司其他机型的全部优势，客舱设计既高雅又舒适：客舱内部的横截面直径可达 5.6 米，垂直的客舱侧壁，大大增加了客舱空间；拥有更大的头顶空间以及行李架，每名经济舱乘客都能将行李放在宽敞的座椅上方，商务舱的乘客每人至少可以携带两个旅行包；先进的气流管理和过滤系统可以为高标准的客舱提供清洁、湿润的空气；能够发出 1 670 万种颜色的全舱 LED 情境灯光真实模拟自然环境；配备丰富多彩的第四代机载娱乐系统以及高清显示屏等。这些先进设计能够给乘客全新的乘机体验，如图 1-29 ～图 1-32 所示。

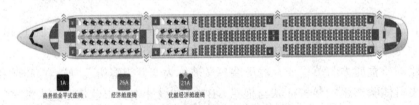

图 1-29　A350 客舱布局

图 1-30　A350 客舱

图 1-31　A350 客舱的行李架

图 1-32　A350 客舱的机载娱乐系统

第三节　客舱设备与安全

客舱安全是航空安全最直接、最重要的部分之一，没有客舱安全，就没有飞行安全。客舱安全的研究领域覆盖了民用飞机由设计、制造直至运营、退役的全过程，是非常重要的适航性要求。

一、客舱安全的发展

20 世纪 80 年代，随着航空新技术的出现，飞机的性能和可靠性都显著提高，民航运输的事故增长率开始趋于平缓。但在 1983 年 6 月，加拿大航空公司的 DC-9 飞机发生了着火事件，1985 年英国航空旅游公司的 B-737 飞机也发生了着火事件，民航运输的安全性再次让人感到恐慌。这些灾难事故使得有影响的机构，如美国联邦航空局（FAA）、加拿大运输署（CTA）和英国民用航空管理局（UK CAA）更加关注保障机上人员安全和影响事故后存活率的工作，提出客舱安全的新要求与技术研究。航空局、飞机制造商和运营方都进一步认识到在客舱安全方面面临新的挑战，需要加强在防火材料和防护系统、乘客防烟罩、飞机防撞性、座舱内部布局、防冲击设备、紧急逃离程序等方面的研究和发展。

1985 年，航空局联合技术工作联合小组成立了，该小组重点研究呼吸性保护设备和防火用水雾喷射系统，同时制定了飞行中遭遇紧急情况时加快机上人员疏散与撤离速度的方法。1990 年，美国陆军预备役航空司令部（ARAC）聘请了很多致力于评估和提议关于机上人员安全规章、标准、政策和指南修改的工作团队。1994 年，FAA、CTA、UK CAA 和欧洲联合航空局（JAA）及其客舱安全研究团队组建了客舱安全研究技术组（CSRTG），该机构于1995 年 10 月制定并公布了以《客舱安全研究计划建议（运输类飞机）》为名的最初计划，该计划的研究范围是飞行中和坠机后的安全性和存活率，主要关注坠撞动力学、紧急疏散、水中生存和防火安全性，旨在解决当时最紧迫的客舱安全性问题。

从成立至今，CSRTG 不断将最初置于 FAA 之下的国内航空权威机构扩充为成员，并扩充至日本、澳大利亚、俄罗斯、巴西和新加坡的民用航空机构；与欧洲航空安全局（EASA）确立合作关系，互通有无。此外，FAA 制定的与客舱安全相关的规章也不断修订，以适应民航客舱发展的新要求。1999—2007 年，与客舱安全相关的规章修订了 14 次，条款的修订主要涉及客舱布置和防火，其他主要是座椅和舱门。2000—2009 年，FAA 共颁布了 62 条与客舱安全相关的专用条件（SC）。2000—2008年，FAA颁布了70条与客舱安全相关的等效级别安全（ELOS），主要集中在应急出口的布置上。

二、客舱安全的研究范围

FAA对客舱安全的解释为：客舱安全，就是处理如下方面的学科，包括成员保护/存活率、延长从飞机逃生的有效时间、提供从飞机上的快速逃生。客舱安全的研究范围很广，涉及飞机从开始研制到运营、维修直至退役，主要涉及四大方面，如图1-33所示。客舱安全涉及以下几个专业方向，分别是坠撞，人的忍受力，可燃性、防火，逃逸、逃生系统，应急设备，客舱布置。

EASA对客舱安全的定义为：客舱安全是一个领域，致力于在飞行事故中减少伤亡和在整个飞行过程中为乘客及机组成员提供安全环境。该领域涉及飞行中如遇湍流、降压、火灾以及坠毁后的幸存能力，包括飞机结构的适坠性、撞击中的成员保护、紧急逃生、坠毁后的防火及水上生存。任何影响保护成员的因素都会成为潜在的威胁。

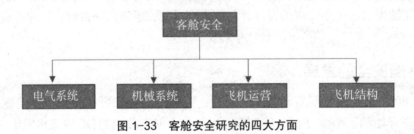

图1-33　客舱安全研究的四大方面

三、客舱设备安全设计

客舱设备是为旅客机上生活、工作以及娱乐提供服务的设备，但如果客舱安全环境得不到保障，那么客舱设备的服务属性就失去了意义。客舱安全的保障涉及多个方面，包括飞机结构安全设计、飞机系统安全设计、飞行安全管理、突发事件应对预案及操作程序设计、客舱安全设计等。客舱设备作为客舱内设施的一部分，必须起到相应的安全保障作用，主要体现在为撞击、客舱释压、火灾、坠毁等机上突发紧急事件提供救生和逃生设备。

（一）客舱装饰的安全设计

民用飞机客舱装饰的安全设计范围主要包括构成舱内空间的天花板、侧壁板、隔板、分舱板、内部门、地毯等的设计；属于储存设备的行李箱、储藏室和衣服间的造型、色彩和材质的设计，厨房及盥洗室外壁面的色彩和材质的确定，以及座椅及其罩套的色彩图案的确定；客舱内的各种口盖、格栅、把手等装饰附件的设计；盥洗室内部空间的装饰方案设计；客舱照明系统的方案设计；等等。

客舱装饰设计的安全性要求包括以下几方面。

（1）分舱板安装处必须提供0.76米宽的无障碍通道。

（2）除了门把手外（包括客舱内部的门），一般把手和锁在不使用时应尽可能不凸出结构表面。

（3）在可能碰撞坐着或走动的人员的躯体或头部的范围内，必须避免可导致乘客受伤的硬质凸出物和尖角存在。

（4）在所有应急通道和应急出口必须按《正常类、实用类、特技类和通勤类飞机适航规定》（CCAR-23-R3）和《运输类飞机适航标准》（CCAR-25-R4）要求设置应急撤离标志牌。在应急门、应急窗的操作部位设置警告标志。

（5）必须在所有坐在座位上的旅客都能见到的地方设置"系好安全带""请勿吸烟"和"厕所有人"的信号标记。

（6）所有装饰材料必须符合 CCAR-23-R3 及其附录 F、CCAR-25 及其附录 F 所规定的阻燃、烟雾及毒性指标要求。

（7）地毯必须有防静电措施。地毯产生静电的安全电压指标为不大于 2 500V（环境温度 21℃，相对湿度 20%）。

（8）对于增压客舱，其侧壁应有足够的通气面积，在机身上部或下部迅速减压时不应导致气流阻滞。

（9）用于厨房区域、登机门区域及盥洗室的地板覆盖物应能防水、防滑，并应易于清洗。

（二）客舱防火的安全设计

飞机客舱防火系统通常包括探测和灭火两大部分。探测部分包括火警探测、过热探测、烟雾探测。灭火部分包括固定式灭火、自动式灭火、手提式灭火。探测系统是在各种飞行状态下在舱内出现火情或过热时，通过探测发出音响和视觉信号向空勤人员报警。灭火系统提供灭火的手段，扑救舱内的初起火情。一般为了防止飞机客舱火情发生和蔓延，客舱必须设有下列设施。

（1）防止火情发生和蔓延的结构设施。

（2）在易燃区域中设置可向空勤人员发出着火和过热信号警告的火警探测装置。

（3）在易燃区域中设有灭火系统（装置）。

（4）在客舱内可能积聚易燃液体及其蒸气的地方应设置排放口。

（三）座椅的安全设计

座椅是飞机客舱内设施中不可缺少的一个组成部分，它是支撑和连接空运旅客与飞机结构的基本环节，并且在所有正常、机动飞行和应急迫降时最大限度保证旅客的安全。此外，客舱座椅可以让旅客在全部旅途中感受到较强的舒适性。

座椅设计的安全性要求包括以下几方面。

（1）座椅组件应能快捷地在客舱地板上的安装滑轨中安装和拆卸。对兼有与客舱侧壁相连的安装点，也应尽量做到快装、快卸。

（2）当座椅受到的载荷大于设计极限载荷而小于分离载荷时，应能尽量多地吸收冲击力。

（3）当飞机应急迫降时，座椅次结构件的损坏不应影响座椅主结构件的强度，也不能因其损坏而形成可能会伤害乘客的凸出物，从而影响乘客的应急撤离。

（4）座椅的结构设计，不应有损坏安全带或钩破机上人员衣物或伤害机上人员的尖角、锐边或其他物件，如果设计中不可避免，则应采取有效的保护措施。

（5）座椅组件的设计应采取有效的防腐措施，对于有可能积聚液体的凹陷状结构等形式应尽量避免。

（6）所设计的座椅组件结构，应做到能容易地取出掉入结构间隙中或座椅与飞机结构的结构部的燃烧物和其他杂物。

（7）面向航向安装的座椅组件，每个座椅的椅背必须具有单独前折功能，以使在飞机应急迫降或在预定的座椅最小排距布局时，后排座位上的乘客，由于制动过载的作用而撞击到前排座椅结构上所造成的损伤程度最低，并且椅背前折后，不允许有任何构件侵占应急撤离出口的空间。

（四）盥洗室的安全设计

盥洗室及其设施是民用飞机中必备的生活设施，其布置应根据民航飞机的乘客的总体设计要求确定。随着民航载荷数量的增加，乘客对盥洗室的技术、卫生、舒适性、方便性以及安全性的要求日趋严格。

盥洗室设计的安全性要求包括以下几方面。

（1）废纸箱应是完全封闭式的，应能防止因通风而持续燃烧，滑道门应当能自动关闭。

（2）排放管路应当经得起座舱增压的全压差而不损坏。

（五）厨房的安全设计

厨房及其设施是民用飞机生活设备的一部分，主要包括厨房的布置，厨房柜、箱的设计，厨房运输与服务设施的设计和布置，餐具的配套，通风系统、水系统、电气电子系统、照明系统等的设计与配套。

厨房设计的安全性要求包括以下几方面。

（1）厨房用品应该提供固定装置，对每个可移动的厨房用品进行定位和固定，以免这些用品的移动造成乘客损伤或阻碍乘客从飞机上应急撤离。

（2）厨房应设置通风系统，对产生热的设备，例如烤箱、咖啡壶、烧水器、冰箱等应适当通风排气，防止由于温度升高而影响邻近的设备和结构。

（3）厨房内废纸箱门应能自动闭合并满足防火容器要求。

（4）厨房内电器的功能应符合"标准厨房电气要求"手册规定的要求。

（六）机内储藏设施的安全设计

机内储藏设施是民用飞机机舱内生活设备的组成部分。机内储藏设施是为机组人员飞行过程中携带的生活用品，旅客携带的行李物品，以及舱内配置的各种应急设备提供必需的储藏空间的，目的在于保护这些用品和设备，不使其受到意外的损坏，同时，也限制这些用品和设备的随意移动，不使其意外伤害机上人员。另外，有关的储藏设施还在机上人员应急撤离飞机或逃生时，为其快速获得完好的撤离、救生设备而创造条件。

机内储藏设施设计的安全性要求包括以下几方面。

（1）客舱行李架盖上应带有能牢固锁住的锁机构，并且应有可以识别的"锁上"或"未锁上"的标记和措施，以避免客机飞行时，由于行李架盖未关闭使行李物品意外跌落而伤到人。

（2）对于储藏室，应配备带锁的门，以防储藏的物品意外甩出而伤到人或撞坏其他设备。

![案例资料图标] **案例资料**

　　某航空公司的航班从上海起飞，正点降落。一位旅客在下飞机的时候，机舱口的感应器发出鸣叫，工作人员在对该旅客行李的检查中发现该旅客拿了飞机上配备的救生衣。

【点评分析】

　　旅客偷拿飞机救生衣事件在全国已经发生多起。据不完全统计，东方航空公司平均每年丢失救生衣6 000件左右，试想每次航班若丢失5件，机上救生衣的价格每件为200～400美元，那么就会损失1 000～2 000美元。仅救生衣，航空公司每年就要损失20多万美元。救生衣丢失的数量之大，令人瞠目。《中华人民共和国民用航空安全保卫条例》中第二十五条明确规定，在航空器内禁止下列行为：① 在禁烟区吸烟；② 抢占座位、行李舱（架）；③ 打架、酗酒、寻衅滋事；④ 盗窃、故意损坏或者擅自移动救生物品和设备；⑤ 危及飞行安全和扰乱航空器内秩序的其他行为。违反规定不听劝阻者，机长、航空安全员、其他机组成员以及经机长授权的旅客可以对其使用械具和其他方式，使其不能继续从事违法行为的措施。如果飞机降落在国际机场，机组应立即将被管束人移交所降落机场的民航公安机关，并提供有关证据，该民航公安机关应当及时依照《中华人民共和国民用航空安全保卫条例》有关规定查处；如果飞机降落在境外机场，按有关国际公约办理。

![知识链接图标] **知识链接**

民航小知识

1. 民航客机上有哪些主要设施？

　　在您入座以后，在您前排座椅的背袋里备有《安全须知》，供您阅读和使用。您的座椅上方设有阅读灯、通风器、呼唤铃、氧气面罩。当您有事找乘务员时，请按呼唤铃。当您需要新鲜空气时，请转动风量调节柄。卫生间设在客舱的前（中）后部，当您进入卫生间后，记住插好门锁。在客舱的左右两侧设有紧急出口，非紧急情况，切忌动用。飞机客舱是增压密封的，为了确保飞行安全，请您不要碰撞和刻画窗上玻璃。如果您还有什么不懂的地方，空中小姐会及时详细地为您解释并提供周到服务。

2. 飞行过程中为什么乘客会有耳堵感？

　　飞机在飞行过程中，机舱内的气压会因飞行高度的变化而变化，旅客此时常感到耳堵、听力下降。乘客通过嚼口香糖或者多做吞咽、咀嚼动作，就能消除这种不适感。

3. 飞行中乘客发生疾病怎么办？

　　如果个别的旅客在飞机上得了疾病，也不必担心，飞机上配有氧气面罩、药箱、急救箱等急救用品，而且飞机上常会有医务工作者，可以帮助乘务员对病人进行治疗。如果情况极其危急，机组可以同地面取得联系，改变飞行计划，找最近的机场着陆，对病人进行抢救，使病人的生命安全得到充分的保障。

4. 飞机上为什么不能吸烟？

　　烟草中的尼古丁是一种中枢神经毒麻剂，它会使飞行人员全身血管收缩，视力下降，而且污染机上空气环境，甚至导致火险。1983年，中国民航局颁布规定，在国内航线旅客班机上禁止吸烟。但旅客乘坐国际航线班机可以吸烟，其他国家也有类似情况。鉴于吸烟的危害被越来越多的人认识，1992 年 10 月国际民航组织 153 个成员国代表在加拿大蒙特利尔通过一项决议，规定各国航空公司必须于 1996 年 7 月 1 日以前禁止旅客在国际航班上吸烟。1993 年 6 月，中国民航总局决定，从当年 7 月 1 日起，中国国际航线旅客班机上逐步实行禁烟，以保护旅客身体健康。

5．为什么飞机上禁止使用手机、手提电脑、收音机和游戏机？

在飞机上使用上述物品，会干扰飞机与地面的无线信号联系，尤其在飞机起飞和下降时干扰更大，即使只造成很小角度的航向偏离，也可能导致机毁人亡的后果。当然，机上提供的专用电子娱乐设施除外。

6．乘坐飞机的安全检查为什么特别严格？

为了保障民用飞机和旅客的生命财产安全，除特许者外，严禁旅客随身携带或在交运行李中夹带枪支和警械、弹药和爆炸物品、易燃易爆品、剧毒物品、氧化剂、腐蚀品、放射性物质、易传染病毒的物品及强磁性物品。旅客携带的管制刀具（包括匕首、三棱刀、弹簧刀）及其他利器或钝器（包括菜刀、大剪刀、大水果刀、大餐刀、工艺品刀、剑等）都属于管制运输物品。您应将这些物品随托运行李交运，不能随身携带。安全检查是杜绝禁运物品上飞机、预防危险的重要关口，因此是相当严格的，希望您能给予积极配合。

7．怎样理解航班正点？

根据国际民航的有关规定及惯例，飞机关舱门后允许有正负 15 分钟的时间差。例如，您乘坐的航班，机票上写的起飞时间是 10:00，飞机在 10:15 内起飞都算是正点起飞。这是因为，一个机场的跑道、一条航线有多架次飞机待起落，顺序要听航管部门指挥：一是安排地面跑道起飞顺序；二是安排空中同航线飞机安全间隔时间及高度，这样才能保证起降飞行安全。因此，请您理解。

练习题

1．客舱设备的共有属性和特有属性是什么？
2．客舱设备的发展经历了哪些阶段？
3．厨房设施和盥洗室设施在设计时应考虑哪些安全因素？

第二章　客舱系统与设备的布局

　　客舱是乘客与飞机最直接、最主要的交互界面和实现飞机运营的主要功能区域，客舱内系统与设备布局的舒适程度和安全程度对旅客选择航空公司有重要影响。在满足相应适航要求和符合设计规范的前提下，飞机制造商可以按照航空公司的要求对客舱进行合理布局，最大限度地给旅客营造完美的乘机体验。

第一节　客舱布局概述

一、客舱布局的定义

　　飞机客舱内各种舱位的安排以及每种舱位具体设置的客舱系统与设备的数目和位置，称为飞机客舱布局。客舱布局的内容主要包括座椅位置的排布、应急出口和过道的排布、内部设施的布置、结构系统的布置等。

　　客舱布局以安全性和舒适性为基本原则。安全性以适航标准为最低要求；舒适性以保证客舱内设备设施最大限度地满足旅客舒适性为要求。具体要求如下。

（一）客舱安全性要求

　　（1）客舱座椅、应急出口和过道的排布应满足应急撤离及水上迫降等适航条款的规定。

　　（2）客舱设备管路线的布置要在满足正常功用的前提下考虑安全性影响，设备与设备、结构、管路线之间应留有间隙，保证设备布置的安全性。

　　（3）客舱内非乘客使用设备尽量布置于客舱乘客区之外，电器线束应布置在空调管路上方，避免污染和防渗透等。

（二）客舱舒适性要求

　　（1）客舱的设备管路线布置应尽量减少对客舱空间的占用，给旅客足够的乘坐与活动空间。

　　（2）内饰布置应使有限的客舱空间尽量显得宽敞舒适。

　　（3）盥洗室、厨房和衣帽间等生活设施数量应足够且舒适，飞行中的娱乐、膳食、饮料供应应充足，服务应周到。

二、影响客舱布局的因素

客舱布局的限制条件较多，除了适航条款的强制性规定外，还要根据机身客舱构型、执行航线距离、市场竞争状况等因素进行综合考虑。

（一）机身客舱构型

机身客舱的结构尺寸决定了客舱的空间大小，也就限制了客舱舱位、座椅和设施的布局。航空公司一般根据机身客舱结构尺寸和航线需求等要素来确定舱位等级以及每个舱位内座椅的布置形式。此外，还要考虑飞机重心位置，保证客舱布局后飞机重心在允许范围内。

（二）执行航线距离

据资料显示，在短程旅途中，大部分乘客往往更关心飞机的正点率和票价，对舒适程度的要求不占主导地位；在远程旅途中，乘客对座椅间距、座椅后靠幅度等舒适度方面的要求会远高于短程航线。由此可见，乘客对客舱环境的要求与航线距离成正比，所有航空公司会结合不同航线旅客需求的特点来设置飞机客舱的布局。

（三）市场竞争状况

随着现代乘客的乘机经验越来越丰富，乘客开始注意品牌和服务，航空市场的竞争愈演愈烈。航空公司在确定飞机客舱布局前，需要对共飞航线竞争对手的机型、客舱布局、客舱产品、机票价格等进行分析和研究，在客舱硬件和软件上与对手相当，甚至略胜一筹，才能在竞争中占有一席之地。此外，航空公司应兼顾不同舱位级别乘客的需求，进行客舱差异化布局，加大对头等舱、商务舱设备的投入来吸引高端旅客，增加收益。

第二节　客舱的结构与客舱等级划分

一、客舱的结构

目前使用的大、中型客机除个别飞机（如 A380）的机身结构分三层布置外，均分两层布置：地板上部为驾驶舱和客舱，地板下部为货舱、设备舱与起落架舱。沿机身纵向，客舱一般由机头段、机身中段、机尾段组成。机头段一般包括机身雷达天线、驾驶舱；机身中段一般为前、中、后客舱及厨房、盥洗室等；机尾段主要安装尾翼、部分设备，如 APU（辅助动力装置）等，如图 2-1 所示。三层布置的顶舱可设置驾驶舱或客舱。

现代飞机的机身截面形状大多为圆形或接近圆形，除了结构和强度上的优势之外，从内部空间来说，采用圆形横截面能够充分保证客舱的宽敞性和舱内设施布局的灵活性，同时也能较好地保证货舱有足够的空间，使机身内部容积得到充分利用。常见的客舱横截面形状有圆形、竖立近似椭圆形、横置近似椭圆形、竖立 8 字形、横置 8 字形等，如图 2-2 所示。

在客舱结构基础之上，还要有舱门和舷窗。客舱舱门有三种，分别是登机门、勤务门和货舱门。登机门布置在飞机机身左侧，用于旅客正常上、下飞机；勤务门和货舱门布置在飞机机身的右侧，供运送食物、行李货物、维修等用。登机门和勤务门可作为应急出口使用，

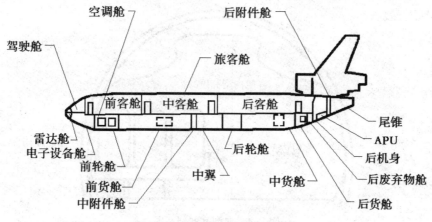

图 2-1 某型飞机机身舱位布置

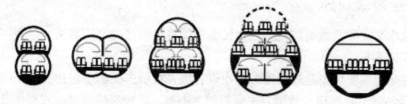

图 2-2 民用飞机客舱横截面形状

此外还有专用的应急出口,通常布置在机翼上方的客舱窗户处。客舱舱门和应急出口的配置数量、类型取决于飞机类别和旅客座位数量。某型号飞机舱门及应急出口布置如图 2-3 所示。客舱内部的行李箱、厨房、盥洗室、座椅等固定在舱内适当位置。典型的客舱剖面如图 2-4 所示,包括客舱内型宽度、客舱内型高度和客舱乘客头部空间三个指标。

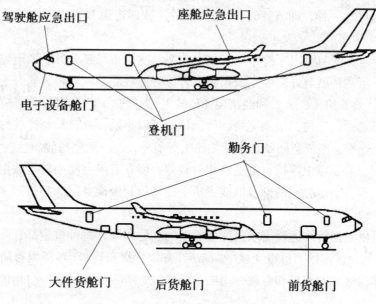

图 2-3 某型飞机舱门及应急出口布置

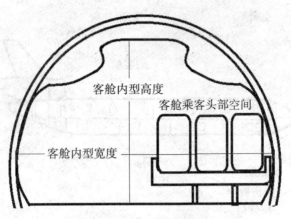

图 2-4　典型客舱剖面图

二、客舱等级划分

根据客舱内部宽度及通道数量,现代民航市场将客机分为窄体客机、半宽体客机、宽体客机以及超宽体客机。

窄体客机是每排座位不超过六座的单走道客机,目前主要机型包括波音 737 系列、波音 757 系列、空客 A320 系列以及我国自主研制的 ARJ21。单排座位布局方式常用 2-2 布局(头等舱)、3-3 或 3-2 布局(经济舱)。

半宽体客机、宽体客机以及超宽体客机都有至少两条通道,但是全世界只有一种半宽体客机,就是 B767,单排座位布局采用 2-3-2 式。

宽体客机每排座位 8 ~ 10 座,目前主要机型包括较窄的宽体客机 A300、A330;中型宽体客机 B777、B787、A350;大型宽体客机 B747。单排座位布局方式常用 2-2-2(公务舱)、2-3-2、2-4-2(商务舱),2-5-2、3-3-3、3-4-3(经济舱)等布局。

超宽体客机只有一种,即 A380,它是仅有的一款四走道客机,经济舱单排座位布局方式为 3-5-3 的 11 座布局。

客舱内的舒适程度与舱内座椅布局有很大关系,座椅布局越分散、通道越宽敞,旅客个人空间就越大,舒适性就越好。航空公司根据客舱舒适程度,一般将客舱分为三个等级,即头等舱(F 舱)、商务舱(C 舱)和经济舱(E 舱)。头等舱一般采用双联座椅或单座,为旅客提供靠窗或靠通道的座位,空间宽裕,放倒椅背可以半躺,并且私密性较好;商务舱一般采用两联或三联座椅,座椅空间及私密性相比头等舱差,但一般座椅倾斜度较大,较为舒展;经济舱一般采用三联及以上座椅,舒适性相对较差,但在有限空间内能承载更多旅客。为满足多元化需求,有些航空公司的部分航线飞机上还增设超级商务舱和超级经济舱,满足不同旅客的需求。

航空公司可以根据航线运营需求而变换机型的客舱布局。每种机型都有一种标准的座舱平面布局,根据其用途不同又可以变换平面布局,如混合级布局、全经济级布局、高密度布局、设有空勤人员休息区域的布局和行政专用机布局等,如图 2-5 所示。

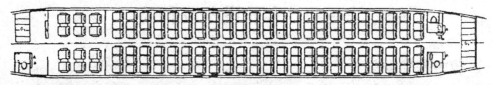

（a）混合级布置

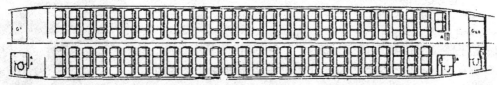

（b）全经济级布置（排距 81.28 cm）

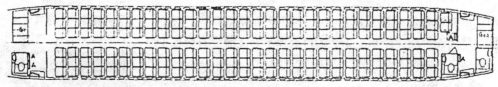

（c）高密度布置（排距 76.2 / 73.66 cm）

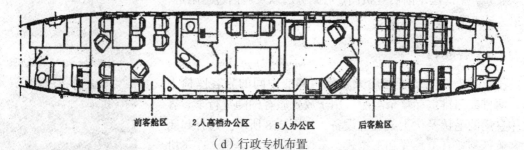

前客舱区　　2人高档办公区　　5人办公区　　后客舱区

（d）行政专机布置

图 2-5　客舱布局

以中远程宽体客机 A330-300 型飞机为例，不同舱位布局时载客人数对比如表 2-1 所示。

表 2-1　A330-300 型飞机典型客舱构型布局参考数据

设备名称	头等舱	商务舱	经济舱
三级布局（座位数：共 284）	4	24	256
二级布局（座位数：共 335）	—	35	300
一级布局（座位数：共 440）	—	—	440
座椅间距 / cm	213.36	162.56	81.28 ～ 93.98
扶手间座椅宽度 / cm	52.07	51.31	44.45
座椅倾斜度	180°	160°	100°

第三节 客舱设备及布局

一、舱内基础设备

（一）客舱座椅

1. 旅客座椅

旅客座椅是支撑和连接空运旅客与飞机结构的基本设施，并且在所有正常、机动飞行和应急迫降时最大限度保证旅客的安全。此外，座椅还可以让旅客在全程旅途中感受到较强的舒适性。

现代民航客机座椅都采用装有 X 型椅腿和 N 型椅腿的吸能式座椅，坚固而轻便，能承受 16g 的过载而不会飞脱，有效保护旅客。普通旅客座椅有双联式、三联式或单人式，如图 2-6 所示。

2. 乘务员座椅

乘务员座椅位于前后登机门、后勤务门以及舱内过道附近，有单人式或双人式，如图 2-7 所示。

图 2-6 旅客座椅

图 2-7 乘务员座椅

（二）客舱行李架

客舱行李架安装于客舱天花板两侧或中间的旅客座椅上方，两排或四排贯穿整个客舱，用于放置旅客的随身行李、客舱休息用的毛毯及枕头或应急设备，如图 2-8 所示。这种封闭式客舱行李架有上翻式和下拉式，不仅外观整齐美观，在飞机颠簸时也不会导致物品从箱内掉出。

（三）旅客服务组件

每位旅客座椅上方、行李架底部都配备了旅客服务组件（PSU），为旅客提供阅读照明、呼叫乘务员及信息指示服务，如图 2-9 所示。

图 2-8 客舱行李架

图 2-9 旅客服务组件

（四）观察窗

观察窗用于旅客观察机外情况，客舱两侧壁板上每隔 6 米左右设有一个观察窗，上缘一般与旅客视线平行，由三层玻璃构成：里层为有机玻璃，防碰撞；中间层为抗压玻璃，有小通风孔；外层为抗压玻璃。观察窗上还备有遮阳板，可以上下移动停留在任意位置，用于遮挡外界阳光，如图 2-10 所示。目前 B787 等客机已经取消了遮光板，可用电动按钮调节舷窗光线亮度。

（五）衣帽间和储物柜

衣帽间和储物柜位于飞机的前舱或后舱，分为有门和无门两种，衣帽间内部都装有灯，如图 2-11 所示。衣帽间可供头等舱旅客挂放衣物、存放婴儿摇篮使用。储物柜用于存放应急设备和服务用品。对于中、短程航线客机，由于飞行时间短，旅客很少使用，有的不设置衣帽间。

图 2-10 观察窗

图 2-11 衣帽间

二、厨房设备

厨房及其设备是保障旅客机上生活的必备设施，用于准备餐饮，储存机上供应品，放置餐车、容器等服务用具。厨房的数量按照旅客人数配置，通常为每 60 ~ 70 人一个厨房，如 200 座的飞机通常配置两三个厨房；厨房的位置取决于是否方便乘务员及旅客的使用，一般位于客舱的前段和后段，或者地板以下。厨房内有一整套完整的供餐服务设备，包括供应品备份箱、烤箱及烤炉架、煮水器、烧水杯、煮咖啡器、餐车、垃圾箱、厨房配电板、冷风机、水系统等，如图 2-12 所示。

图 2-12 厨房设备

三、盥洗室设备

现代客机都设有多个盥洗室，盥洗室的数量按照旅客人数配置，通常为每40～50人一个卫生间，如200座的飞机通常配置四五个盥洗室。每个盥洗室内都有完善的盥洗设备，包括洗手盆组件、穿衣镜、马桶组件、卫生用品箱、废纸箱、盥洗室服务组件、烟雾探测器、防火设施、水系统等，如图2-13所示。

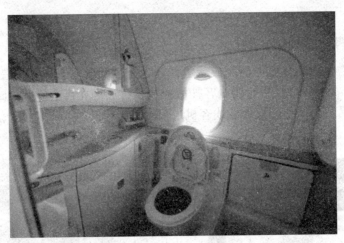

图 2-13　盥洗室设备

四、乘务员控制面板

乘务员控制面板位于前后登机门处乘务员座椅上方，分别为前乘务员控制面板和后乘务员控制面板。根据客舱环境需求，可以通过面板上的按键对客舱娱乐系统、灯光系统、水系统、应急灯等部分进行控制，如图2-14所示。老式飞机上的乘务员控制面板也有按键式的，现代飞机上多配备液晶显示屏式乘务员控制面板，更加直观方便。

图 2-14　乘务员控制面板

五、客舱通信系统

客舱内通信系统包括客舱内话、乘客广播、机组和乘客呼叫及盥洗室呼叫系统等。客舱内话系统提供驾驶舱乘员和乘务员之间的内话通信，乘客广播系统播放预录通告或机上音乐等，两者通过乘务员工作席位的手持电话完成，如图2-15所示。乘客呼叫系统是由乘客按压其服务单元的乘务员呼叫按钮呼叫乘务员。盥洗室呼叫系统是由乘客按压盥洗室舱壁洗手盆上方的乘务员呼叫按钮呼叫乘务员。

图 2-15　内话机

六、照明系统

飞机的灯光照明设备分为机外照明、机内照明和应急照明。机外照明是保证飞行安全的照明分系统，包括航行灯、防撞灯、着陆滑行及跑道转弯灯、机翼探冰灯、标志灯等。机内照明分为驾驶舱照明和客舱照明，驾驶舱照明包括普通照明、局部照明、仪表板或操纵台照明等。客舱照明由白炽灯和荧光灯提供，包括顶灯、壁灯和夜灯、阅读灯、壁柜灯、乘务员工作灯、盥洗室灯和厨房灯等，如图2-16所示。客舱照明光线可以调节，为旅客营造舒适、温馨的客舱环境。应急照明是在飞机主电源失效或飞机发生故障需要应急着陆时使用的，由机身配备的蓄电池供电，紧急情况下提供目视帮助。应急照明包括客舱应急照明、驾驶舱应急照明及外部应急照明。

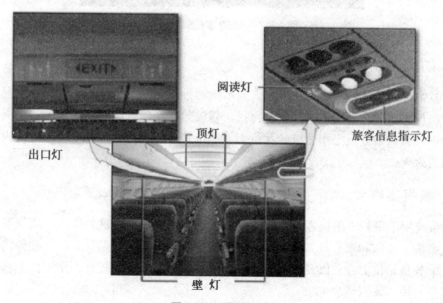

出口灯　　顶灯　　阅读灯　　旅客信息指示灯　　壁灯

图 2-16　照明系统

七、饮用水及污水系统

机上水系统包括饮用水系统和污水系统。饮用水存储于机身后面或地板下面的水箱中，被加压后向厨房或盥洗室供水。污水系统包括马桶污水系统和废水系统，马桶污水系统抽吸冲刷马桶后的污水，将其暂时存储在污水箱内，飞机落地后由地面勤务时利用污水车抽走；

废水系统收集厨房和盥洗室洗手盆用过的废水，以及舱门门槛处的雨水，并通过排放口排到机外，或不排出机外而经化学处理后循环使用。

八、娱乐系统

娱乐系统包括：一是音乐播放设备，用于播放音乐供旅客选择收听；二是选装的视听播放设备，用于播放影像节目。目前先进的娱乐系统能够介绍起飞前乘机安全知识；显示飞机当时状态，如飞机的位置、速度、高度、飞行时间、室外温度、已飞行距离和至下一站距离；显示目的地机场的信息（海关规定、货币规定及地面运输情况等）；显示到达国家的旅游景点。图 2-17 所示为 A380 客舱娱乐设备。

图 2-17　A380 客舱娱乐设备

九、防火系统

飞机客舱防火系统包括探测系统和灭火系统两种。驾驶舱、客舱和盥洗室内配备烟雾探测设备，出现火情时会发出声音和视觉警报。驾驶舱和客舱灭火时使用手提式灭火瓶，存放在驾驶舱内、客舱乘务员工作席位处及行李架等位置；盥洗室内配备了固定式灭火设备，用于废纸箱的灭火。

十、氧气系统

氧气系统用于飞行中出现客舱释压的紧急情况时对机上人员进行供氧。氧气系统分为驾驶舱氧气系统、旅客和乘务员氧气系统，以及便携式氧气瓶，分别存放在驾驶舱内、旅客服务组件、乘务员站位上方，以及行李架上。便携式氧气瓶机动性较好，用于机上移动时供氧或机上紧急救护。

十一、紧急撤离设备

紧急撤离设备是飞机在陆上或水上紧急迫降时，旅客得以安全撤离飞机以及撤离后自我救助的设备。紧急撤离设备包括救生船、救生衣、救命包、应急定位发射器等，救生船和救命包存放在旅客行李架上，救生衣存放在旅客座椅下面，其他救生设备均存放在客舱内易于取用的位置。

十二、应急医疗设备

民航客机上配备的应急医疗设备包括应急医疗箱、急救箱和卫生防疫包，用于对旅客或者机组人员紧急情况的应急医疗处理，它们存放在客舱内易于取用的位置。

案例资料

目前民航班机上几类标准座椅的一些典型设计数据，见《飞机设计手册第 5 册：民用飞机总体设计》。[①]

（1）座椅安排在镶入地板内的滑轨上，以增加客舱内部的灵活性，标准座椅滑轨的节距（纵向排距）以 25.4 mm 的增量进行调节。

（2）排距：头等舱为 965 ～ 1 016 mm ；旅行舱 / 普通舱 / 经济舱为 916 ～ 963 mm ；经济舱 / 高密度舱为 762 ～ 812 mm。

（3）最小过道宽度根据 CCAR 固定要求设计。

（4）旅客座椅：客舱布置应选定一定形式的座椅并留有适当余地，以满足用户对客舱装饰的特殊要求。

【点评分析】

（1）儿童座椅设计：由于儿童体格较成年人小，在儿童座椅的设计中，必须参照普通座椅的设计数据，对儿童自身的生理特征加以考虑。

（2）残障人群座椅设计：在外观造型、结构尺寸、设计细节、存放形式等方面都有异同。

（3）座椅的设计总要从使用者的生理以及心理角度，从使用者的现状来考虑设计的人机要素、使用过程等相关设计因素，以及该产品存在的环境状况等，才能真正设计出迎合大众需要的物品。

知识链接

民航小知识

1. 航班延误、取消的原因是什么？

造成航班延误或取消的原因主要有两种，一是机械故障，二是天气不好。机械故障造成的延误，只要经过人为的努力就可解决，因而延误时间不会很长。航班长时间延误甚至取消多半是人力不可抗拒的天气情况造成的。起飞机场和航路上空的雷、台风、龙卷风、低云、低能见度（雾、风沙、浮尘）、道路结冰等恶劣情况，都会对飞机结构和通信设备以及飞机起降构成直接威胁。尤其是在成都、重庆两地，夏季多雷雨，冬季经常有大雾笼罩机场。成都双流机场水平能见度规定为 800 米，云高 100 米，低于其中任何一个标准航班就不能起降。如果勉强飞行，就可能发生危险。世界上有 70% 的飞行事故就是这样发生的。因此，如果您在旅行中遇到由于天气原因导致的航班延误和取消，为了您的生命安全和家庭的幸福，希望您能够给予我们足够的理解。

[①] 飞机设计手册总编委会. 飞机设计手册第 5 册：民用飞机总体设计 [M]. 北京：航空工业出版社，2005.

2. 飞机的座位是怎样划分的？

民航客机的座位排数是从前往后编的，其编号在行李箱的边缘。以每排6座的机型普通舱而言，如果从前舱门登机座位从右至左编号，则为A、B、C、D、E、F。如果您持座位是10排F座的登机牌，从前舱门登机，那么您的座位就是第10排靠左边舷窗的位置。头等舱的座位编排方法也与此相同。

3. 为什么在飞机起飞前做氧气面罩的使用示范？

飞机在4 286米以上的高空飞行时，要对客舱增压。万一客舱失密，就会造成缺氧，乘客会因此而头晕甚至失去知觉，严重的则会危及生命。氧气面罩是为旅客提供氧气的应急救生装置，而且每个航班上都准备了足够的氧气面罩。空姐做示范，是为了让旅客在紧急情况下不至于慌乱，能够按照示范戴上面罩进行安全、正常呼吸。

4. 为什么要收取机场建设费？

中国民用航空事业发展水平较世界先进国家有很大差距，特别是机场等基础设施的落后难以适应民航发展需要。但是机场的扩建、新建投资巨大而且周期长，比如成都双流机场的改扩建工程历时4年、总投资14亿元，国家和民航企业一时都无力负担。因此，经国家有关单位同意，中国民航局允许机场根据实际情况向乘客收取机场建设费，标准为国内乘客每人次人民币50元，国际乘客每人次人民币90元。向旅客收取机场建设费，目的是加快机场建设资金的筹措，加快机场设施的更新改造速度，提高机场的建设标准，以便更好地发挥服务社会的作用。

5. 飞机起降或遇气流时为什么要求乘客系好安全带？

飞机起飞前在跑道上高速奔驰，时速达200千米以上。如果遇到突发的意外情况将被迫终止起飞；飞机降落接地后，需要迅速地减速。在这两种情况下，如果您没有系好安全带，就会被飞机强大的惯性和阻力射离座位而撞伤。飞机在平飞过程中，有时会遇到强气流的作用而发生严重颠簸，甚至大起大落的情况。此时您若不系好安全带，也容易被抛离座位而发生危险。不少旅客因忽视系安全带，已有过深刻的教训。

6. 飞机上所有座位安全程度相同？

有些人认为，坐在机翼附近或是机舱后部较安全。事实上，没有任何证据可以证明飞机内某一处比另一处更危险。

练习题

1. 客舱布局与哪些因素有关？
2. 客舱等级有哪些？各等级客舱的区别是什么？
3. 客舱设备有哪些？如何布局？试列举五个。

第三章　客舱设备的使用功能与管理

　　客舱设备的共同属性是服务设备，特有属性是安全设备，因此根据客舱设备的属性不同，它们具有不同的使用功能。客舱设备的使用和管理离不开乘务员，乘务员的职业能力与客舱设备管理息息相关，包括乘务员飞行实施中的客舱设备管理以及日常客舱设备训练。

第一节　客舱设备的使用功能

　　飞机客舱设备有多种使用功能，由于其共有属性是服务设备，因此服务功能是客舱设备的本质使用功能；客舱设备还具有安全设备的特殊属性，因此某些客舱设备具有应急突发功能、急救功能和撤离功能。然而某些客舱设备具有两种及以上综合的使用功能，如登机门、便携式供氧设备等。

一、服务功能

　　不同的客舱设备具有不同的服务功能，舱内基本设备，如旅客座椅、行李架、观察窗及遮光板、衣帽间等，为旅客提供了工作和休息的基本硬件保障；厨房设备，为机上人员提供餐饮服务；盥洗室设备，为机上人员提供基本生活保障；乘务员控制面板，由乘务员操控，调节客舱灯光系统、音频系统、清/污水系统等，为旅客提供舒适的客舱环境；娱乐设备，为旅客播放登机音乐及录像，提高旅客乘机体验；客舱通信设备，供乘务员与机组之间通信、客舱广播等，保障飞机正常高效运行。

二、应急突发功能

　　某些客舱设备在客舱释压、客舱火灾、电力失效等情况下能够发挥应急突发功能。氧气设备，用于客舱释压时为机上人员提供应急供氧，包括驾驶舱氧气设备、客舱氧气设备和便携式氧气设备；烟雾探测器，用于探测舱内烟雾浓度，防止发生火灾；灭火设备，包括手提式灭火瓶和盥洗室固定灭火设备，用于舱内不同类型火灾的扑灭；其他应急设备，如防烟面罩、防护手套、防烟镜、斧子、麦克风、手电筒等，辅助应对舱内突发事件。

三、急救功能

　　某些客舱设备在机上人员受伤、出现医学急症、呕吐等情况下能够发挥急救功能。应急医疗箱，用于机上人员意外受伤或者医学急症的应急医疗处理；急救箱，用于机上人员受伤时包扎等应急处理；卫生防疫包，用于清除客舱内呕吐物等潜在传染源。此外，便携式供氧设备也具有急救功能，用于机上人员的移动供氧。

四、撤离功能

某些客舱设备在飞机突遇火灾、机械事故等紧急情况而需要紧急迫降时能够发挥撤离功能。应急出口，包括登机门、勤务门以及翼上应急出口，用于旅客快速撤离飞机；滑梯，用于辅助紧急撤离；救生船、救生衣、救生包、应急定位发射器等应急救生设备，用于旅客紧急撤离后在水上或陆上的自救。

五、登机功能

飞机左侧的舱门除了具有撤离功能之外，其主要用于旅客上、下飞机时发挥登机功能。飞行运行正常时，由乘务员操作登机门，通常让旅客从前登机门有秩序地登机。

第二节　客舱设备管理

一、乘务员的职业能力

在民航乘务员国家职业标准中，乘务员的职业能力要求大部分和客舱设备管理的内容紧密相关，飞行阶段的每个操作环节都涉及客舱设备管理的内容。五级民航乘务员的职业能力要求及相应的客舱设备管理内容如表 3-1 所示。

表 3-1　乘务员的职业能力要求及客舱设备管理

职业功能	工作内容	技能要求	相关知识
一、客舱服务	（一）旅客登机前准备	1. 能检查经济舱的客舱、厨房、盥洗室等服务设施状况 2. 能检查经济舱的食品、酒水、卫生等服务用品配备状况 3. 能检查经济舱的卫生状况	1. 预先准备程序及要求 2. 服务设施检查标准 3. 服务设施管理标准及要求 4. 客舱服务管理 5. 清舱规定
	（二）起飞前准备	1. 能迎接旅客并引导其入座 2. 能为旅客提供报纸、杂志 3. 能指导旅客摆放行李 4. 能操作客舱门分离器	1. 旅客的行李物品存放与保管的要求 2. 特殊行李占座规定 3. 报纸、杂志分发程序及标准 4. 分离器操作规定
	（三）空中服务	1. 能在正常情况下进行两种语言广播 2. 能指导旅客使用客舱服务设施 3. 能保持经济客舱的客舱、厨房、盥洗室的清洁 4. 能指导旅客填写短程航班海关、边防、检疫申请表 5. 能为老年旅客、有成人陪伴的儿童旅客等提供服务 6. 能判断和处理晕机、耳压等机上常见症状 7. 能用两种语言回答航班时刻、飞行距离等航线知识的问询	1. 正常情况下广播要求 2. 服务设施操作规范 3. 客舱服务管理规定 4. 短程航班海关、边防、检疫相关规定 5. 特殊旅客服务要求 6. 机上常见病处置方法 7. 航线知识

续表

职业功能	工作内容	技能要求	相关知识
一、客舱服务	（四）餐饮服务	1. 能识别橙汁、可乐等常见酒水的中英文名称 2. 能为经济舱旅客冲泡茶水、咖啡 3. 能为经济舱旅客提供酒水服务 4. 能识别特殊餐食的代码 5. 能烘烤经济舱餐食 6. 能为经济舱旅客提供餐食	1. 饮料的定义和分类知识 2. 经济舱饮料服务标准及要求 3. 经济舱茶、咖啡冲泡的要求及方法 4. 特殊餐食代码和供应标准 5. 烘烤餐食的方法和要求 6. 经济舱餐食服务标志
	（五）落地后处理	1. 能处理飞机滑行期间旅客站立、开启行李架等不安全行为 2. 能对经济舱客舱、厨房、盥洗室进行清舱检查	1. 落地后安全管理规定 2. 清舱规定
二、客舱安全	（一）应急设备检查与使用	1. 能识别应急设备标志及中英文名称 2. 能检查和使用灭火瓶、氧气瓶等应急设备 3. 能在正常和应急情况下开启／关闭舱门、应急出口	1. 应急设备的中英文名称 2. 应急设备标志的识别 3. 舱门、应急出口的操作标准及要求 4. 应急设备的使用和注意事项
	（二）安全介绍	1. 能进行氧气面罩、救生衣等客舱设备安全演示 2. 能对出口座位旅客进行资格评估 3. 能向老人及儿童等特殊旅客作个别简介	1. 客舱安全的内容及方法 2. 客舱安全演示规范动作的要求 3. 出口座位管理的要求 4. 对旅客的安全简介
	（三）安全检查	1. 能对旅客的安全带、行李架等进行客舱安全检查 2. 能对经济舱客舱、厨房、盥洗室设备进行安全检查 3. 能处理旅客吸烟等非法行为	1. 旅客的行李物品存放的要求 2. 便携式电子设备的限制要求 3. 禁烟规定要求 4. 客舱安全检查标准及要求 5. 进、出驾驶舱的有关规定 6. 飞机应急撤离能力 7. 飞行关键阶段
三、应急处置	（一）失火处置	1. 能处置烧水杯失火 2. 能处置烤箱失火 3. 能处置洗手间失火	失火处置方法
	（二）释压处置	1. 能判断客舱释压现象 2. 能指导、帮助旅客应对客舱释压 3. 能在释压后巡视客舱并救助旅客	客舱释压处置的工作要求及原则
	（三）应急撤离	1. 能进行陆地上有准备的应急撤离 2. 能进行水上有准备的应急撤离 3. 能进行无准备的应急撤离	1. 应急撤离程序 2. 撤离时的指挥口令 3. 撤离后的工作程序 4. 能引导旅客到达安全地带

二、乘务员客舱设备管理范围

在飞行之前，乘务员应根据要求进行精心准备，上机后对客舱安全应急设备和服务设备进行检查，确认紧急设备是否处于待用状态、是否完好以及各个紧急设备的所在位置；对机上供应品、食品、客舱的清洁进行检查确认。

起飞前，乘务员检查旅客就座并系紧安全带，儿童需要系紧安全带或由成人抱好；对于所有出口座位及靠通道一侧的座位，如果无人就座，应将其座位上的安全带固定好；确认旅客行李物品存放妥当，所有行李架关闭；通道、应急出口不得摆放行李物品；小桌板收直扣好，座椅靠背处于垂直位，脚垫收起；旅客座位上无饮料杯、餐具等杂物；门帘、窗帘打开并固定好；窗口遮光板收起；关闭厨房电源，固定厨房设备和物品；确保盥洗室无人占用；录像显示器复位，电源显示屏收好等。完成检查后，乘务员应到乘务员座椅上坐好，准备起飞。

飞行中，乘务员需对客舱进行实时监控，巡视客舱设备运行情况，如包括出口、厨房及盥洗室的安全状况；餐车在客舱内应始终有人看管，不使用时应锁好；按照服务程序提供餐食和饮料；及时补充盥洗室内供应品；确保合适的客舱灯光等。如遇特殊或紧急情况，按照标准操作程序操作应急设备。

着陆前，乘务员完成客舱安全检查，检查项目同起飞前。此外，归还为旅客保管的衣物；合理处置好废弃物；再次检查厨房设备的刹车装置和锁定装置。完成检查后，乘务员应到乘务员座椅上坐好，准备着陆。

着陆后，乘务员应检查舱门滑梯是否解除预位，打开舱门，播放音乐，组织旅客下机。

三、乘务员客舱设备使用训练

为保证乘务员在飞行过程中能够正确、安全、高效地使用客舱设备，乘务员应定期进行客舱设备的使用训练。日常训练可以使乘务员达到在正常和紧急情况下都能正确使用客舱设备的目标。

乘务员客舱设备使用训练的设备和设施包括：飞行客舱训练模拟器、飞机出口训练模拟器、飞机灭火训练模拟器、飞机水上迫降训练场，以及其他模拟飞机上配备的各种应急设备的训练设备和设施。

案例资料

2015 年 7 月 26 日，ZH9648（台州—广州）航班后舱23 排一男性乘客两次纵火，并威胁机上旅客，企图破坏客舱设施，严重危及航空安全。机组成员共同协作，及时控制事态发展，保证了飞机安全降落并成功组织旅客快速有序撤离。[①]

【点评分析】

乘务组航前准备充分；乘务员（5 号位）警惕性强；失火后乘务组处置及时；客舱秩序得到有效控制；乘务长掌控全局，成功组织旅客安全撤离。

---

① 台州飞广州航班遭男子两次纵火，潇湘晨报，2015-07-27.

📖 **知识链接**

民航小知识

影响飞行安全的危险天气——风切变

风切变是在短距离内风向、风速发生明显突变的状况。强烈的风切变瞬间可以使飞机过早地或者被迫复飞，在一定条件下还可导致飞机发生失速和难以操纵的危险，甚至导致飞行事故。

航空公司和航班号的对应关系是什么？

航班号的组成有两个部分：① 航空公司号；② 班次。在民航运输和空中交通管制两个工作领域都涉及航班号，但表达有所不同，主要区别在航空公司号部分。如 CSN3101，在机票上表示为 CZ3101——中国南方航空公司 3101 航班。

什么是国际民航组织？

国际民航组织是一个由全世界各国航空公司于 1945 年组建的大型民间组织，总部设在加拿大的蒙特利尔，执行总部在瑞士日内瓦。目前，国际民航组织会员航空公司逾 200 个，遍布 30 个国家。在世界定期国际航空运输业务中，会员航空公司占了 98%。

怎样知道我的航班降落在上海哪个机场？

请注意您的机票，往浦东机场的目的机场代号是 PVG，往虹桥机场的是 SHA，所以请有这方面疑问的旅客注意了，千万不要让接机的家人去错机场。

国际机票税从何来？

购买国际机票的旅客经常会问，为什么买机票还要交税，是机场建设税吗？当然不是。购买国际机票时出现的税，是航空公司代当地国家政府收的税。

国际机票的税大致分为三种：离境税、过境税、入境税。个别国家还有其他名目的税。例如美国，除了有上述税以外，还有海关使用税、机场税、动植物免疫检查费等。

当然有些国家是不收税的，像中国、菲律宾等国家是不收税的。所以，如果你从中国去日本，单程没有税，但是往返则有税；或者你从日本出发回中国的单程机票是有税的，那是因为中国没有出境税，日本没有入境税，但日本有离境税。

机票税一般根据购买机票时的汇率发生变化，这就是为什么上次购买机票和这次购买机票航程一样税却不同的原因。当然相差的比率并不大。

在一些国家，有的城市有税，有的城市没有税，例如日本的东京、大阪有离境税，而札幌则没有税。

什么叫"中转服务"？

中转服务是民航针对购买联程机票的旅客而开展的空地一条龙服务。从售票这一环节开始，每个部门都会把中转旅客的姓名、人数、换乘航班情况通知后续部门。中转旅客到达换乘机场后，只要在到达大厅找到中转服务柜台，便会有专人协助其提取行李、办理后续航班登机手续，通过安检。

中转旅客是航空公司的重要客源。在竞争日趋激烈的今天，谁能将不同航线上的城市连接成线，谁就能最大限度地占领航空运输市场。开展中转服务的航空公司航线网络发达、航班密集，可以最大限度地发挥航空运输方便、快捷的优势。

中国南方航空公司于 1996 年下半年率先在广州全面实施中转服务，为旅客提供国际航班转国际航班、国际航班转国内航班、国内航班转国际航班、国内航班转国内航班服务,从而成为国内首家能提供这四种中转服务的航空公司。

　　中国东方航空公司则在 1996 年推出了"穿梭中国"中转服务,为乘坐东航国际航班转接东航国内航班的旅客提供了很大方便。1997 年 4 月,东航同美国美利坚航空公司合作,推出上海经洛杉矶到纽约、芝加哥、达拉斯、华盛顿 4 座城市的"联程直达"服务,后来又将"穿梭中国"与"航程直达"两项服务贯穿起来。

　　继"南航中转"、东航"穿梭中国"特色服务之后,我国许多航空公司都推出了中转服务,这一服务受到广大旅客的欢迎。

练习题

1. 客舱设备的使用功能有哪些?
2. 客舱设备管理包括哪些方面?

第四章　客舱设备的人文因素

客舱设备面对的群体主要是与飞行相关的人，包括旅客、机组成员。因此，在其设计时需给予人因足够的重视，才能保证旅客的舒适与安全，同时客舱设备操作便捷，可以避免差错。此外，客舱安全文化对客舱安全管理具有积极促进作用。

第一节　客舱设备人因设计

旅客不需要对客舱设备进行过多的操作，但对舒适性要求很高，因此客舱设备人因设计主要从以下三个方面进行考虑。

一、人体尺寸

人体尺寸是客舱设计的首要考虑因素。由于旅客在客舱内不需要进行大量的活动，只是站和坐，因此设计时使用人体身高、臂长、立姿活动空间、坐姿活动空间来衡量。客舱的高度必须保证旅客站立时不能碰到顶部；过道的宽度必须保证人可以自由通过；座椅排距必须保证腿部舒适。

二、人的感觉特性

人的感觉特性包括视觉、听觉、触觉等，这些因素对于提升旅客乘机体验具有重要意义。视觉相关因素包括视角、视距和视野范围，设计客舱内标牌时，其颜色、字体及大小、布置位置都要考虑到人的视觉要求。客舱内部装饰应考虑降噪措施，以减少飞机噪声对旅客的影响，从听觉上提高旅客乘机体验。从触觉因素考虑，客舱内部装饰的材料应该坚固、耐磨并且其表面处理满足特定要求，在可能碰到坐着或走动的人员的躯体或头部的范围内，必须避免可导致旅客受伤的硬质凸起物和尖角。此外，还要满足人的心理舒适性，如通过灯光和行李架的布置让整个客舱看起来更开放和宽敞。

三、人的运动特性

在客舱中，旅客不需要进行大量的运动和劳动。因此，客舱设计对运动特征要求较低，主要考虑的运动特性包括人体力的特征、大小、出力范围和方向等。比如，在设计行李架时，为保证行李架可以正常开合，需要考虑舱内人员的施力范围和方向。下翻式行李架使用了机械结构辅助，以使舱内人员只用较小的力就可以关闭行李架。

第二节　客舱设备安全文化

客舱安全文化属于航空安全文化之一。客舱安全文化包括客舱硬件设备安全文化、客舱软件设备安全文化、机组人员和乘务员传递的安全文化等。客舱安全文化可以为旅客营造一种良好的客舱安全氛围，同时也促进了客舱管理者的安全情境意识，改善客舱安全管理。其中客舱设备安全文化主要体现在两个方面。

一、客舱硬件设备安全可靠

从人体尺寸、人的感觉特征和人的运动特征三方面出发，客舱设备在飞机飞行使用期间应保证不会发生妨碍飞行安全和着陆的任何故障，而且出现故障时不应引起主要系统的故障和失效，并且应设置可靠的安全装置或险情报警装置。客舱内部布局应合理，灯光、色彩、温度等满足人因设计，客舱设备干净整洁、井然有序，给机上人员营造出安全可靠的氛围。

二、客舱软件设备宣传得当

客舱设备上应设置清晰可见的安全提示，如在旅客座位上方的旅客服务组件上设置"系好安全带""请勿抽烟""厕所有人"的信号标记，应急通道和应急出口设置应急撤离标牌及警告标志。旅客还可以通过机上视频设备、杂志等渠道获取客舱安全方面的抽象信息，无形中通过多种渠道获取客舱安全文化知识。

此外，乘务员应严格按照客舱安全检查标准分阶段对客舱进行安全检查，并演示紧急救生设备的使用方法，确保客舱内安全设施设备齐全可用，同时也给旅客传递了客舱安全文化。

第三节　客舱设备使用的人为因素

客舱设备服务于使用者，无论是旅客，还是机组人员，都必须依规依法操作才能发挥机上客舱设备的使用功能。然而，人的弱点是容易犯错误，即使是非主观差错，也不容忽视。在大量的民航安全事故中，人为因素占比多达70%，可见，人为因素是客舱设备使用与管理的重要问题。

一、提高旅客的安全意识，避免非主观差错

从乘机来说，旅客是服务对象，是客舱设备的享用者，但从客舱设备的属性看，其使用功能的发挥，与旅客不无关系，甚至密切相关。一方面，旅客对客舱设备的使用，必须服从客舱设备安全使用规范/操作规程的规定，避免随意性和主观性。从客舱安全的角度看，客舱的任何设备都首先基于客舱安全的需要，否则，其功能就会丧失，也有可能成为危及客舱安全的诱因。

其实，目前有个误区令人深思，似乎客舱安全是机组人员的事情，与旅客无关。但事实表明，旅客的无知或无意识导致的误操作，时常会导致危及客舱安全的情形出现。

2012年3月28日，四川航空股份有限公司3U8759航班发生误放应急救生滑梯事件。据了解，一位女性旅客在该航班上把客舱门当作厕所门操作，导致救生滑梯释放。最终，该航班在延误3个多小时后才起飞。该事件给旅客出行带来不便，也给航空公司造成了财产损

失，在社会上引起了不小的反响。开错门，为什么会造成这么大麻烦？

应急救生滑梯简称滑梯，它是由滑梯、充气瓶、连杆和操作手柄等组成的，折叠镶嵌安装在客舱门、应急门内部。当飞机在地面进行维护时，滑梯操作手柄放在解除预备位置，打开舱门时滑梯不会被放出；当飞机开始滑行时，由乘务人员将滑梯操作手柄放在预备位置；当飞机遇到紧急情况时，乘务人员打开舱门的同时滑梯自动冲出舱外，在几秒钟内完成充气过程，方便旅客和机组人员逃离飞机。

飞机舱门结构复杂，里面含有应急滑梯和其他电子设备，如果操作不当，会对操作人员和飞机造成伤害。所以，只有经过培训的机务维修人员和机组人员才能进行飞机舱门操作。应急滑梯作为救生器材，是飞机的必备设备，在飞机舱门、应急门内部都安装了应急滑梯，确保在紧急情况下使旅客短时间撤离飞机。按照航空部门规定，飞机陆地撤离时间为 90 秒。在这么短的时间内要保证全体人员离开飞机，不仅需要专业机组人员的高效指挥和旅客的密切配合，还要求撤离设备的完好。

如果误操作将滑梯释放出去，第一，容易对操作人员造成人身伤害并给非专业人员造成冲击和惊吓。第二，需要专业人员对释放出的滑梯做放气叠放处理。应急滑梯的价格达数十万元，不仅给航空公司增加运营成本，误放滑梯者还要接受行政处罚并赔偿损失。第三，处理释放滑梯需要一定时间，这样会造成航班延误，给旅客造成不便。

从客舱设备的使用来看，在越来越多乘飞机出行的旅客中，很大比例的旅客对航空乘坐常识了解有限，缺乏安全意识；有的旅客对飞机设备充满好奇，经常会发生对应急设备的误操作事件。如今，乘飞机旅行已经不是新鲜的事情了，做一个"合格的旅客"必须成为一种新的乘机文化，旅客应自觉做出正确的乘机行为。另外，为了确保客舱设备使用的安全性，乘务员也需要对旅客进行宣传并予以正确的引导，把握重点环节，如安全门等。乘务员要坚定地提示旅客："登机后请您仔细阅读放在座位前方口袋里的乘机安全须知，并留意收听乘务员的安全提示讲解，平安开心出行，不要因为一时的好奇或误操作而耽误行程。"

二、提高机组人员的操作能力，确保客舱安全

客舱设备是应客舱安全及旅客舒适而生，客舱设备要发挥最大的作用，有赖于机组人员娴熟而正确的操作。为了安全飞行，承担飞行任务的机组人员需要具备良好的素质、服务技能和客舱设备使用能力，特别是在应急情况下的处置能力。同时，中国民用航空局飞行标准司在《民航客舱乘务员服务机型数量评审指南》中对乘务员的服务机型以及相应的要求做出了明确的规定，规定了从业者的准入门槛，把客舱乘务员训练的差异分为四个等级，分别是一级、二级、三级和四级。不同等级针对候选飞机中的差异和可能对客舱安全产生的影响，这种差异也可能会涉及客舱乘务员现有的知识、技术和能力。如果没有差异存在，或者虽然存在一定差异但并不影响客舱乘务员使用掌握的知识、技能或表现，那么不同的等级既不会被指定，也不适用于客舱乘务员训练。划分一级到四级的每个等级是基于飞机差异的程度，包括飞机内部的描述、应急设备的类型/操作和位置、系统操作以及正常程序和应急程序。

为了使客舱服务与安全保障能力不断提升，中国民用航空局在《大型飞机公共航空运输承运人运行合格审定规则》中对乘务员复训提出了明确的要求，而复训过程中涉猎客舱设备的使用与应急处理问题，以提升乘务员的设备使用保障能力。

从教育与训练的角度看，需要强化对客舱设备使用过程中人文因素重要性的训练，树立

客舱安全意识，能熟练操作设备，杜绝行为差错。一方面，乘务员必须对自己严格要求，勤学苦练，不仅学会，更要保证百分之百地操作好；另一方面，航空公司的培训部门应规范训练程序，强化训练内容，严格考评制度，重视作风与责任意识的培养，使每一名乘务员都能够成为客舱安全的"守护神"。

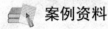 **案例资料**

应急滑梯非正常充气

某航空公司的乘务组执行广州—长春航班任务，飞机在长春龙嘉国际机场落地后，乘务长在打开左前登机门时，应急滑梯展开，滑梯充气。由于当时飞机刚停稳，廊桥还没有停靠过来，充气后无人员伤亡。飞机做减载处理后，继续由该航班乘务组执行后续航班任务，于当天在广州新白云国际机场落地。

【点评分析】

（1）当飞机到达长春龙嘉国际机场停稳后，乘务长下达解除滑梯口令，各号位乘务长将滑梯预位标志带平扣在舱门观察窗上后，并没有继续操作滑梯杆，造成滑梯充气。事故原因为乘务长在下达解除滑梯口令后，自己却没有按照程序操作；前舱乘务员未做交叉舱门检查就开启舱门。

（2）若飞机应急门滑梯充气，需减载乘客43人；每个应急门滑梯价值9 000～10 000美元，充气后维修需花人民币约10 000元，事故不仅给航空公司形象造成负面影响，而且增加了运营成本，由此造成的损失是巨大的。

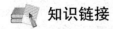 **知识链接**

民航小知识

1. **飞机在跑道上滑行时为什么会摇晃？**

这是正常现象。主要是因为跑道不够平坦，有时是因为飞机制动所致。不过这种情况对飞机没什么影响，就像乘坐公共汽车也会发生摇晃现象一样。况且飞机主要是为飞行而不是为滑行而设计的。

2. **飞机起飞后不久，为什么会听到轰隆的噪声？**

这是飞机收起落架和襟翼时发出的声音。飞机起飞后，大约在10米的高度上（这一高度因飞机机型的不同而异），驾驶员将起落架和襟翼收起，以提高飞机的空气动力性能，使飞机更快地爬升。如果旅客坐在客舱中央和靠近机翼处，这种轰隆的噪声就会听得更加清楚。

3. **飞机起飞后，为什么发动机的速度似乎减慢了？**

这是驾驶员进行正常操作所产生的现象。飞机爬到300米（1 000英尺）左右的高度时，驾驶员减小油门，降低发动机的功率，因为这时飞机已不需要起飞时那样大的推动力了，同时还能减少发动机噪声对机场附近居民的影响。关于飞越城市上空的飞机所产生的噪声标准，各国都有明确的规定，必须严格遵守。

4. **飞机起降为何选择逆风而行？**

飞机的起飞和着陆，应尽量选择逆风而行，因为逆风起降可以增加升力或阻力使飞机的离地速度或着陆速度减小，因而能缩短飞机的起飞滑跑距离或着陆距离，同时迎风起降还有利于飞机运动中的方向稳定性和操纵性，比较安全。由于飞机起飞和着陆时的速度比较慢，稳定性差，如遇强劲的侧风就会使飞机倾斜，所以一般说来，只有在无法选择逆风条件而且跑道长度足够的条件下才可以顺风着陆。不过现在的飞机速度、重量及稳定性都比过去的飞机有很大的改进和提高，风向对飞机的起落影响减小了。

5. 飞机机舱窗门为什么装双层玻璃？

飞机机舱窗门安装双层玻璃主要是防止冷空气的不利影响。飞机高空飞行，机内外温差相当大，如果窗门只装一层玻璃，玻璃就成了飞机内外冷热空气的隔离物，机舱内空气的水汽会在玻璃上凝结成小水珠，影响舱内温度。同时，一层玻璃存在缝隙，冷空气通过缝隙源源不断进来同样影响机舱内的温度。如果有两层玻璃，中间就有不易传热的空气做隔层，机舱就像穿了件棉衣，不再受外面冷空气的侵袭了。

6. 飞机着陆机场上空突然出现雷雨怎么办？

驾驶员从气象雷达和无线电联络中可以预先得知目的地机场的气象条件，如果该机场为雷雨天气，飞机可以到备降机场降落。由于雷雨通常为阵雨，所以也可以在空中等待，雷雨过后，再进场着陆。根据飞行计划，飞机上都装有一定的备用燃油，足以保证飞机飞到备降机场或在空中至少飞行45分钟。

7. 飞机起飞前为什么有时要在滑行道与跑道交界处等待一会？

有两方面原因，一是机场指挥塔台指挥那些要进港的飞机先降落，或让起飞的飞机依照顺序先后起飞。二是气象方面的原因，机场上空有时会出现短时间的恶劣天气，飞机要等到天气正常时才能听从塔台命令起飞。

练习题

1. 客舱设备人因设计需要考虑哪些方面？
2. 什么是客舱安全文化？
3. 乘务员与旅客在保障客舱安全中扮演什么角色？

中 篇
主要机型设备

目前世界上最大的客机生产商包括波音公司、空中客车公司、庞巴迪公司、巴西航空工业公司及中国商用飞机责任有限公司等，而民航领域市场基本被波音公司和空中客车公司二分天下，绝大多数航空公司选择其下产品为主力机型。波音公司创立于 1916 年，截至 2018 年 4 月，已经向全球客户交付了约 10 000 架波音 737 各种机型，成为历史上最畅销的喷气式客机；空客公司创立于 1970 年，截至 2018 年 2 月，空中客车公司已向全球客户交付了 A320 系列飞机逾 8 000 架，成为历史上销量第二的喷气式客机。因此本篇将介绍波音 737 系列中波音 737-800 型机和空客 A320 系列中空客 A320-200 机型的特征、厨房与卫生设备、出入机舱设备、乘务员控制面板、机内通信系统、娱乐系统与机内照明等。

第五章 波音 737-800 型机上设备

　　波音 737 系列飞机是美国波音公司生产的一个中短途双发喷气式客机系列，它是目前世界上民航客机中生产寿命最长、交付量最多的系列。截至 2018 年 4 月，波音系列飞机订单数量已达约 15 000 架，已经向全球客户交付了约 10 000 架波音 737 各种机型飞机，成为世界上最成功的客机家族之一。737 计划在 1964 年展开，到今天经历了四代产品：737-100 / 200 是最早期的型号，是用低涵道比的涡轮喷气发动机；其后第二代的 737-300 / 400 / 500 确保了737 成为目前为止世界上最成功的窄体民航客机系列。高涵道比的涡轮风扇发动机提高了经济性，降低了噪声水平；第三代波音 737NG（NG=Next Generation），其中的"NG"是相对于第二代 737 所言，737NG 包括 737-600 / 700 / 800 / 900，是第二代 737（737-300 / 400 / 500）的改进型，很多系统都有所变化，更先进、更易于维护、故障率更低、更经济和实用；2011 年，波音 737MAX 问世，它是装配新发动机的波音 737 第四代产品，凭借新的波音天空内饰吸引了更多旅客，目前包括波音 737 MAX 7、737 MAX 8、737 MAX 9 和 737 MAX 10。

第一节　波音 737-800 机型介绍

一、波音 737-800 机型的特征

　　波音 737-800 是波音 737 改进机型中的一款，是波音 737-700 的机身延长型号，于 1997 年 7 月 31 日首飞，其机翼可加装翼梢小翼，增加了载油量，提高了空气动力效率，延长了航程；此外，自动化程度很高，应对一般的恶劣性天气的能力较强。图 5-1 所示为波音 737-800 外形。

图 5-1　波音 737-800 外形

（一）基本数据

波音 737-800 机型的基本数据如表 5-1 所示。

表 5-1 波音 737-800 机型的基本数据

项　　目	参　　数
机长	39.5 米
机高	12.5 米
翼展（不带翼梢小翼）/（带翼梢小翼）	34.3 米 / 35.7 米
客舱宽度	3.53 米
载客	标准两级客舱布局 189 人 / 标准单级客舱布局 162 人
空重	41 413 千克
最大起飞重量	77 791 千克
最大着陆重量	66 361 千克
最大载油量	26 020 升
巡航速度	0.785 马赫（961.687 8 千米 / 时）
最大速度	0.82 马赫（1 004.565 6 千米 / 时）
航程	5 665 千米（3 060 海里）
最大巡航高度	12 400 米
起飞场长	2 027 米
着陆场长	1 327 米
动力装置	两台 CFM56-7B 涡扇发动机，最大推力：27 300 磅（12 383.0717 千克）

（二）机型特征

波音 737-800 机型与其他波音 737 系列机型相比，典型特征如下。

（1）机身相对波音 737-700 来说要长，大翼比老一代波音 737 要长，面积要大。

（2）舱门为四个。

（3）第一、二舱门之间的窗口分布为 13+1+3 形式或者 14+1+3 形式。

（4）尾翼较波音 737-400 要高。

（5）主起落架为一排轮子，而且轮子直径比老一代波音 737 略大。

（6）客舱第三个窗口的位置下面有反光的小铁片一块，而老一代波音 737 则没有。

（7）唯一可选装的发动机为 CFM56-7，发动机尾喷管最后部分较细，而不是呈圆锥形。

（8）上下防撞灯（分别在机身上下的红色闪烁灯）同时闪，这点和老一代波音 737 不同。

此外，还有带小翼的波音 738-800，除了加装小翼以外，其他部分的外形特征与普通波音 738-800 相同。

二、客舱内的设备说明

波音 737-800 机型客舱采用更平滑的弧线形天花板，提升了整体客舱环境；灵活的客舱内饰，使航空公司可以在很短的时间内，实现客舱布局从商务舱向经济舱的切换。

波音 737-800 机型是单通道窄体客机，客舱宽度为 3.53m，两级客舱布局和单级客舱布局情况下的座位布局不同，以厦门航空公司为例，如图 5-2 所示，汇总如表 5-2 所示。

图 5-2　波音 737-800 机型客舱布局

表 5-2　波音 737-800 机型客舱布局

客舱布局	两级布局	单级布局
商务舱座位布局	8 座，1 ～ 2 排（2-2 布局）	0
经济舱座位布局	156 座，3 ～ 29 排（3-3 布局）	184 座，1 ～ 14 排，16 ～ 31 排（3-3 布局），15 排（2-2 布局）
座位总数	164 座	184 座
紧急出口	在经济舱中部 11 ～ 13 排，客舱左侧 2 个：WL1、WL2；客舱右侧 2 个：WR1、WR2	在经济舱中部 13 ～ 15 排，客舱左侧 2 个：WL1、WL2；客舱右侧 2 个：WR1、WR2
舱门	客舱左侧 2 个：L1、L2；客舱右侧 2 个：R1、R2	
卫生间	机头左侧 1 个，机尾两侧 2 个	
厨房	机头右侧 1 个，机尾中间 1 个	
衣帽间	机头左侧 1 个	
乘务员座席	L1 门 2 个，L2 门 2 个，R2 门 2 个，均为双人座椅	

第二节 波音737-800厨房与卫生设备

一、厨房设备

波音737-800机型设有两个厨房，前厨房位于R1门的前后部位，负责商务舱旅客和机组人员的餐饮服务；后厨房位于L2门和R2门中间的后部，负责经济舱旅客的餐饮服务，如图5-3所示。

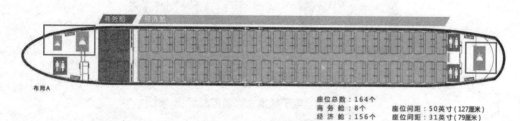

座位总数：164个
商 务 舱：8个　　　　座位间距：50英寸（127厘米）
经 济 舱：156个　　　座位间距：31英寸（79厘米）

图5-3　厨房布局

前后厨房内各有一整套完整的餐饮服务设备，如图5-4所示。前厨房和后厨房内设备分别如图5-5和图5-6所示。

图5-4　波音737-800的厨房

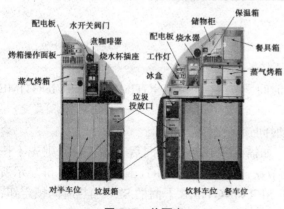

图5-5　前厨房

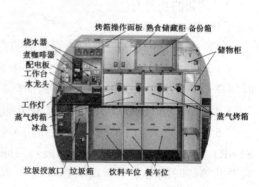

图5-6　后厨房

（一）烤箱

机上人员及旅客的热食都来自厨房内烤箱的加热，波音 737-800 机型的前厨房内有 3 个烤箱，后厨房内有 4 个烤箱，为电子触摸式烤箱或蒸气式烤箱，如图 5-7 所示。电子触摸式烤箱操作面板上的按键及标识说明如表 5-3 所示。

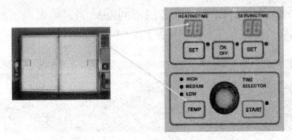

图 5-7　电子触摸式烤箱控制面板

表 5-3　电子触摸式烤箱操作面板上的按键及标识说明

按　键	说　明
ON / OFF	电源开关
HEATINGTIME	加热时间显示屏
SERVINGTIME	服务时间显示屏
SET	时间锁定
TIME SELETCTOR	时间调节钮
TEMP	温度设定钮
HIGH	高温（230℃）
MEDIUM	中温（150℃）
LOW	低温（80℃）
START	启动键

1. 烤箱的使用方法

（1）按 ON / OFF 电源开关。

（2）按 TEMP 温度设定钮，设定烤箱温度为高、中或低。

（3）顺时针方向旋转 TIME SELETCTOR 时间调节钮，HEATINGTIME 和 SERVINGTIME 时间显示屏开始变化，直至达到所需加热时间。

（4）按 HEATINGTIME 下面的 SET 加热时间锁定钮，指示灯亮。

（5）按 START 启动键，烤箱开始工作。如需烤箱在一定时间后开始工作，则先不按 START 启动键，继续顺时针方向旋转时间调节钮，直至 SERVINGTIME 时间显示屏显示所需总共等待时间（大于所需加热时间），按下 SERVINGTIME 下面的 SET 加热时间锁定钮，再按下 START 启动键。

2. 烤箱的使用注意事项

（1）严禁烤箱内无食物而空烤。

（2）严禁将除餐食外的其他物品放入烤箱，尤其是易燃物品。

（3）加热餐食前需检查餐盒内是否有干冰，若有应取出。

（4）加热过程中烤箱门要关好以防热气散失以及食物掉出。

（5）飞机起降过程中不能使用烤箱。

（6）随时检查烤箱工作状态，以防出现异常。

（二）烧水器

烧水器安装在前后厨房内，可将厨房冷水加热到 88℃左右，用于机上人员饮用咖啡或茶水等，如图 5-8 所示。烧水器操作面板上的设备及说明如表 5-4 所示。

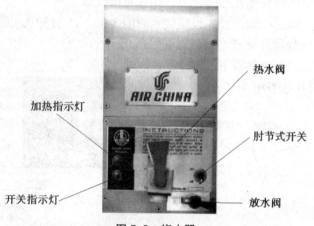

图 5-8　烧水器

表 5-4　烧水器操作面板上的设备及说明

设　备	说　明
肘节式开关 ON / OFF	电源开关
加热指示灯	琥珀色
开关指示灯	白色
热水阀	水龙头出水口有过滤网，水开关为红色手柄
放水阀	放掉水箱内的水

1. 烧水器的使用方法

（1）打开水龙头至水流顺畅。

（2）打开电源开关至 ON 位置，加热指示灯和开关指示灯都亮起。

（3）加热指示灯熄灭后，即可使用。

2. 烧水器的使用注意事项

（1）严禁空烧，打开电源开关前必须进行放水确认。

（2）避免长时间打开而不放水，否则烧水器内部会产生水蒸气而形成空烧，加热指示灯会亮起。

（3）控制每次接水量，不超过两壶。

（4）飞机在地面过夜停留，需把水箱内的水放尽，以防水箱冻裂。

（5）飞机起降过程中必须关闭烧水器电源。

（三）烧水杯

烧水杯可将少量饮用水快速加热到100℃，烧水杯和旋转式电源开关（计时器）如图5-9所示。

1. 烧水杯的使用方法

（1）往烧水杯注入七八成水。

（2）将烧水杯身上的插头插在插座上，并用固定架锁好。

（3）顺时针旋转旋转式电源开关，设定烧水时间（0～15分钟），工作指示灯亮起。

（4）水烧开后，计时器自动或人工控制下回到0。

（5）抬起固定架，将烧水杯拔下。

2. 烧水杯的使用注意事项

（1）严禁空烧。

（2）注水不宜过多或过少。

（3）先插后开，先关后拔。

（4）烧水过程中锁定烧水杯。

图 5-9　烧水杯

（四）餐车

餐车用于存储和运送餐食、饮料、机上销售物品或其他服务用品。餐车分为长车和对半车，结构如图5-10所示。餐车上相关设备及说明如表5-5所示。

图 5-10　餐车

表 5-5　餐车设备及说明

设　　备	说　　明
手柄	推拉餐车
标志牌栏	说明装载物品
通风孔	通风对餐食制冷
门锁	锁定餐车门
刹车板	红色：刹车；绿色：解除刹车

1．餐车的使用方法

（1）在厨房内打开餐车位的护盖门或保护锁扣，踩绿色刹车板，将餐车从停放处拉出。

（2）打开餐车门，将餐车门上的锁定手柄旋转至 OPEN 位置，再向外转动餐车门。

（3）往餐车内部及上面装载物品。

（4）推拉餐车进入客舱供餐。

（5）回到厨房后将餐车门关闭：向内转动餐车门，再将餐车门上的锁定手柄旋转至 CLOSED 位置。

（6）将餐车归位并固定锁好，踩红色刹车板。

2．餐车的使用注意事项

（1）餐车上面摆放的餐食或饮料不宜过高，防止烫伤或溅到旅客身上。

（2）停止或停放餐车时需要使用刹车。

（3）飞机起降或遇颠簸时应停止工作，餐车需归位并锁好。

（五）厨房储物柜

厨房储物柜和备份箱位于前后厨房内，用于储存和运送机上供应品。厨房储物柜是可以移动的装置，门上的锁扣开关用完后须及时锁好。

（六）厨房配电板

每个厨房内都设有厨房配电板，它上面安装有跳开关、厨房灯光控制开关和拨动开关（按钮开关），如图 5-11 所示。

1．跳开关

跳开关是厨房内烤箱、烧水器、烧水杯等电器设备的保险装置，当电路出现过载，其会自动断开电源。重启电器需再次按下相应的跳开关。

2．厨房灯光控制开关

厨房灯光包括区域灯光和工作灯光，它们的开关设在厨房配电板上，并且有三个挡位：明亮、较暗和关闭。在飞行不同阶段使用不同的厨房灯光及明暗挡位。

图 5-11　前厨房配电板

3．拨动开关（按钮开关）

厨房配电板上设置有厨房电器设备的电源开关，有拨动式和按钮式，还配有指示灯。

（七）水系统

厨房净水由飞机上的水箱提供，厨房污水经过加热净化后直接排出机外。厨房水设备包括水开关阀门、水龙头和积水槽。每个厨房内配电板或积水槽附近都配有独立的水开关阀门，控制厨房设备的供水，当出现设备漏水等情况时需将相应开关关闭。前后厨房内各有一个积水槽和水龙头，用于清洗物品及排出污水。严禁向水槽内倒咖啡、牛奶、茶水等液体，以防堵塞。

二、盥洗室设备

波音 737-800 机型设有 3 个盥洗室（有些航空公司设置 4 个盥洗室，在 L2 门的前部左侧有 2 个），L1 门的前部左侧有 1 个；L2 门的前部左侧和 R2 门的前部右侧分别有 1 个，如图 5-12 所示。

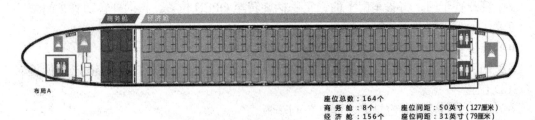

座位总数：164个	
商 务 舱：8个	座位间距：50英寸（127厘米）
经 济 舱：156个	座位间距：31英寸（79厘米）

图 5-12 盥洗室布局

每个盥洗室的内部结构类似，如图 5-13 所示。还设有盥洗室服务组件，包括服务标示牌、信号牌、呼叫按钮、电源插座、灯光、扬声器、氧气面罩等；折叠式或推拉式门灭火设备以及水系统等。此外，有些盥洗室还设有婴儿折叠板及残疾人使用的设施。

图 5-13 盥洗室设备

（一）马桶

马桶多为高压抽气式，由马桶盖、马桶坐垫、冲水按钮和水关断阀门等组成。使用马桶后按下冲水按钮（PUSH），马桶会自动抽气。注意不要将纸巾、毛巾、清洁袋、茶叶包等物品投入马桶。

（二）洗手池

洗手池上设有水龙头，水龙头上有温度选择旋钮或按钮，红色为热水，蓝色为冷水，如图 5-14 所示。当洗手池内积水过多时，按压积水钮可放出污水。

（三）废纸箱

废纸箱位于洗手池下方，废纸箱门并列在洗手池侧方，使

图 5-14 洗手池

用后自动弹回。注意严禁向废纸箱内丢弃烟头及易燃物品。

（四）烟雾探测器

每个盥洗室顶部都设有烟雾探测器，其结构如图 5-15 所示。

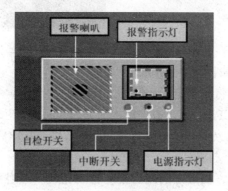

图 5-15　烟雾探测器

当盥洗室内烟雾浓度达到一定水平时，红色的报警指示灯闪亮，同时报警喇叭发出鸣叫声；当烟雾驱散后，报警灯熄灭，报警声停止。此外，按中断开关可解除报警。

（五）自动灭火装置

自动灭火装置将在第九章第二节中详细介绍，此处不多阐述。

（六）呼叫按钮

盥洗室内壁上设有旅客呼叫按钮，如图 5-16 所示。当旅客需要帮助时按下此按钮，盥洗室门外侧壁板上的琥珀色灯亮并响起单高谐音铃声。解除呼叫方法为按一下盥洗室门外侧壁板上的琥珀色灯或者重按盥洗室内呼叫按钮。

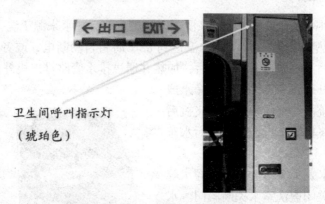

图 5-16　卫生间呼叫指示灯

（七）服务标示及信号牌

盥洗室内有许多服务标示牌，如"禁止吸烟""衣帽挂钩""残疾人扶手"等，便于旅客更好地使用设备。此外，还有"请回座位"信号牌，如图 5-17 所示，位于呼叫按钮旁边，当发生紧急情况需要旅客返回座位时该信号牌会亮起。

图 5-17 "请回座位"信号牌

（八）盥洗室门闩

盥洗室门闩外部设有盖板（LAVATORY）和标牌，如图 5-18 所示。当盥洗室内部有人插上门闩将门锁定后，标牌显示红色"有人"（OCCUPIED）；当盥洗室内无人时，标牌显示绿色"无人"（VACANT）。当有人被反锁在盥洗室内时，乘务员可以打开盖板（LAVATORY），用尖锐物品从外部扳动锁定键至标牌显示"无人"，打开门闩。

盥洗室镜灯受门闩控制，当插好门闩后镜灯自动亮起。但当飞机在地面停留时，镜灯不受门闩控制，始终亮。

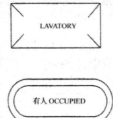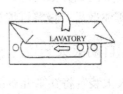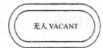

图 5-18 盥洗室门闩

（九）盥洗室水系统

洗手池可以提供冷水和热水，冷水来源于飞机的水箱，热水来源于洗手池下方的热水器。热水器可将冷水加热到 52℃～56℃，水温达到 88℃时将自动断电，或者由乘务员控制热水器的关闭。洗手池的污水通过过滤净化后，加热并通过排水管路排出机外。

马桶的净水可以来源于飞机的水箱净水或马桶独立循环水系统。马桶的污水冲入飞机后部单独的污水箱，飞机降落后在地面有污水车负责排放。

当盥洗室发生水龙头关不上、马桶溢水等异常情况时，需要关闭盥洗室水关断阀门。水关断阀门位于洗手池下方，通过旋转手柄位置可实现四个工作挡位：正常工作位置（供水、排水）、仅向水龙头供水、仅向马桶供水和关断位置，如图 5-19 所示。

图 5-19 水关断阀门

第三节　出入机舱设备

一、飞机舱门

波音 737-800 机型客舱共设有 4 个舱门，如图 5-20 所示，客舱左侧的两个舱门为旅客登机门，用于旅客和机组人员上下飞机，用 L1 和 L2 表示，其中 L1 为主要登机门；客舱右侧的两个舱门为服务门，用于对接食品车、电源车、排污车、加水车和行李托运车等，用 R1 和 R2 表示。

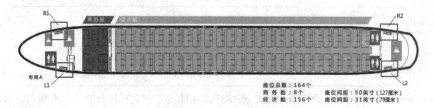

图 5-20　舱门布局

舱门的结构如图 5-21 所示。舱门的结构部件及作用如表 5-6 所示。

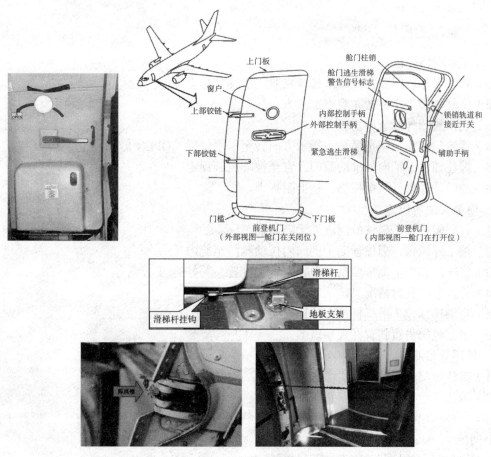

图 5-21　舱门结构

表5-6 舱门部件及作用

舱 门 部 件	作 用
红色警告旗	警示滑梯已预位,舱门打开时滑梯会自动放出
观察窗	观察机外情况
舱门控制手柄	从内部开启或关闭舱门
辅助手柄	从内部辅助推开或拉回舱门
滑梯压力指示表	指示滑梯充气瓶的压力是否正常
滑梯包	存放滑梯
滑梯杆	使滑梯充气或解除滑梯充气
滑梯挂钩	滑梯杆挂在挂钩上时滑梯不会充气
地板支架	滑梯杆挂在地板支架上时打开舱门,滑梯自动放出
阵风锁	当舱门打开时,固定舱门
阻拦锁	舱门打开时,防止人坠机

(一)舱门的操作方法

1. 内部开启舱门

(1)确认滑梯已解除预位(滑梯杆在舱门滑梯挂钩上)。

(2)将红色警告旗横置在观察窗上方。

(3)确认舱门外无障碍物。

(4)将舱门操作手柄按照箭头指示方向转至水平位置(OPEN)。

(5)握住辅助手柄向外推动舱门,直至被阵风锁锁定。

(6)舱门外如果没有衔接物,挂上阻拦锁。

2. 内部关闭舱门

(1)收回阻拦锁,确认舱门内外无障碍物。

(2)按下阵风锁,握住辅助手柄向内拉动舱门至舱内。

(3)将舱门操作手柄按照反方向转至水平位置,关好舱门。

(4)检查舱门密封情况,确认舱门没有夹杂物。

(5)将滑梯预位(滑梯杆挂在地标支架上)。

(6)将红色警告旗斜置在观察窗上。

3. 外部开启舱门

(1)确认舱门外无障碍物。

(2)确认红色警告旗没有斜置于观察窗前。

(3)向外拉出外部舱门操作手柄,照箭头指示方向转至水平位置(OPEN),松开手柄并收入手柄槽。

(4)将舱门向外拉开,直至被阵风锁锁定。

（5）舱门外如果没有衔接物，挂上阻拦锁。

4. 外部关闭舱门

（1）收回阻拦锁，确认舱门内外无障碍物。

（2）按住阵风锁直至舱门拉动后放开。

（3）将舱门推回舱内。

（4）向外拉出外部舱门操作手柄按照反方向转至水平位置，舱门关好后松开手柄并收入手柄槽。

（5）检查舱门密封情况，确认舱门没有夹杂物。

（二）舱门的操作注意事项

（1）滑梯预位是为紧急情况撤离时，打开舱门滑梯能够自动充气（5～7秒），旅客可以通过滑梯迅速撤离。

（2）滑梯预位和解除滑梯预位必须按照乘务长指令操作。正常情况着陆时需先解除滑梯预位再开舱门，以防造成人员伤亡。

（3）内部开启和关闭舱门时，乘务员应握住辅助手柄进行操作。

（4）外部开启和关闭舱门时，转动外部舱门操作手柄时应缓慢，以防造成舱内人员伤亡。

二、自备梯

波音 737-800 机型配备有自备梯，在机场地面设备不足的情况下，机上人员可以自助上下飞机。自备梯存放在前登机门 L1 下方，其为电动系统控制的折叠梯子，由 L1 门乘务员控制面板上"自备梯控制"进行控制，如图 5-22 所示。自备梯控制面板上的按钮及说明如表 5-7 所示。

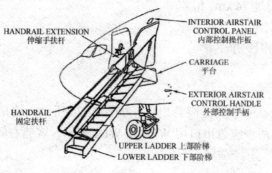

图 5-22　自备梯及控制面板

表 5-7　自备梯按键及说明

按　键	说　明
FORWARD AIRSTAIR：OFF / AUTO / ON	自备梯照明控制开关：关 / 自动 / 开
EXTEND	展开自备梯
RETRACT	收起自备梯
STANDBY	就绪
STAIRS OPER	琥珀色工作指示灯

（一）自备梯的操作方法

1. 内部控制展开

（1）打开 L1 舱门至锁定位。

（2）按住控制面板上的展开键（EXTEND）直至自备梯完全展开，同时琥珀色工作指示灯（STAIRS OPER）亮起。

（3）松开展开键（EXTEND），拉出伸缩扶手杆，使其固定在门两侧。

2. 内部控制收回

（1）松开伸缩扶手杆，并收回至固定扶杆。

（2）按住控制面板上的收回键（RETRACT）直至自备梯完全收回，同时琥珀色工作指示灯（STAIRS OPER）亮起。

（3）松开收回键（RETRACT）。

3. 电力失效情况下的操作

当飞机电力失效时，可使用电平供电，同时按住控制面板上的 STANDBY 键和 RETRACT 键或 EXTEND 键实现收放自备梯。

4. 外部控制

当飞机电力失效时，可通过旋转外部控制手柄控制自备梯的收放，如图 5-23 所示。

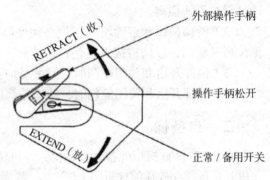

图 5-23　自备梯外部操作

（二）自备梯的操作注意事项

（1）使用自备梯时风速不得超过 74 km / h。

（2）地面不平坦或有障碍物不得使用自备梯。

（3）自备梯展开时，飞机不得移动。

三、应急出口

波音 737-800 机型客舱共设有 4 个翼上应急出口，如图 5-24 所示，均用于紧急情况下从翼上滑下飞机撤离，客舱左侧两个应急出口用 WL1 和 WL2 表示，客舱右侧两个应急出口用 WR1 和 WR2 表示。

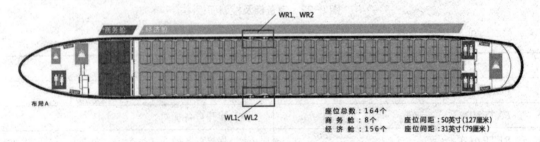

图 5-24　应急出口布局

波音 737-800 机型客舱应急出口为舱盖式，结构如图 5-25 所示。

图 5-25　应急出口结构

（一）应急出口的操作方法

1. 内部开启

（1）用力向下、向内拉下应急手柄。

（2）应急窗口自动向外、向上翻起。

2. 外部开启

（1）按压应急窗口上方的外部开启面板。

（2）应急窗口自动向外、向上翻起。

（二）应急出口的操作注意事项

（1）翼上应急出口没有滑梯装置，撤离时应从窗口逃出后从翼上滑下飞机。

（2）一般应急出口的座位空隙相对较大而舒适，但是对乘坐人有要求，必须是男性，并且在紧急状态下需要协助乘务人员打开舱门等。

第四节　乘务员控制面板

波音 737-800 机型配有前后两个乘务员控制面板，分别位于前舱门 L1 和后舱门 L2 的乘务员工作区。乘务员控制面板分为按键触摸式控制面板和液晶显示式控制面板。

一、L1 门控制面板

前舱门乘务员控制面板位于前舱门 L1 处乘务员座位上方，设有自备梯收 / 放控制系统、娱乐控制系统和客舱灯光控制系统，如图 5-26 所示。前舱门乘务员控制面板上的按键及说明如表 5-8 所示。

图 5-26　前舱门乘务员控制面板

表 5-8　前舱门乘务员控制面板按键及说明

按　键	说　明
ENTERTAINMENT	娱乐系统控制开关
ENTRY：OFF / DIM / BRIGHT	入口灯：关 / 暗（10% 亮度）/ 亮（100% 亮度）
CEILING：NIGHT / OFF / DIM / MEDIUM / BRIGHT	顶灯：夜间 / 关 / 暗（10% 亮度）/ 中（50% 亮度）/ 亮（100% 亮度）
WINDOW：OFF / DIM / BRIGHT	窗灯：关 / 暗（10% 亮度）/ 亮（100% 亮度）
WORK	工作灯
GROUND SERVICE	地面服务电源开关

前舱门乘务员控制面板的操作方法如下。

1. 自备梯控制面板

自备梯控制面板的操作方法详见本章第三节的相关内容。

2. 娱乐系统控制开关

娱乐系统控制开关用于控制客舱电影等放送。

3. 客舱灯光系统

（1）客舱入口灯：用于前登机门的照明，分 3 个挡位，置于亮挡位时门栏灯亮起。

（2）客舱顶灯：包括天花板灯和行李架顶部的灯光，当其选定夜间模式时，只有行李架顶部的灯光亮。

（3）客舱工作灯：用于前舱门乘务员工作区的照明。

4. 地面服务电源开关

地面服务电源开关用于地面机务人员测试电力。

二、L2 门控制面板

后舱门乘务员控制面板位于后舱门 L2 处乘务员座位上方，设有饮用水系统、污水系统和客舱灯光控制系统，如图 5-27 所示。后舱门控制面板上的按键及说明如表 5-9 所示。

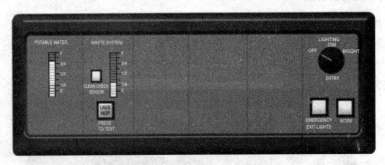

图 5-27　后舱门乘务员控制面板

后舱门乘务员控制面板的操作方法如下。

1. 饮用水系统

饮用水系统控制面板上设有清水表，显示水箱内剩余水量的多少，用 F、E、3 / 4、1 / 2、

表5-9　后舱门乘务员控制面板按键及说明

按　键	说　明
POTABLE WATER	饮用水系统
WASTE SYSTEM	污水系统
CLEAN CHECK SENSOR	检测马桶的污水量
LAVS INOP	疏通马桶
ENTRY	入口灯
WORK	工作灯
EMERGENCY	应急灯

1/4刻度表示。其中，"F"表示满，"E"表示空，1/4刻度为警戒线。

2. 污水系统

污水系统控制面板上设有污水表，按下"CLEAN CHECK"键后，污水表可显示马桶污水量，刻度和清水表相同，但3/4刻度为警戒线。此外，按下"LAVS INOP"键的同时按马桶冲水按钮可疏通马桶。

3. 灯光系统

入口灯和工作灯分别用于后舱门及乘务员工作区的照明，应急灯光开关相关内容详见第十一章第六节。

新式波音737-800天空内饰飞机（BSI）采用液晶式乘务员控制面板，可以实现LED灯光系统、娱乐系统、清/污水系统的控制，以及地面勤务、紧急灯光等控制，如图5-28所示。

图5-28　液晶式乘务员操作面板

第五节　机内通信系统

一、机内呼叫系统

机内呼叫系统包括机组呼叫系统、客舱呼叫系统和卫生间呼叫系统，呼叫显示面板在前后舱门乘务员工作区域上方，如图5-29所示。

（一）机组呼叫系统

机组呼叫系统用于飞行机组和乘务员之间呼叫，呼叫时显示面板上的粉色指示灯闪亮，并伴有高低音交替的铃声。按下内话机上的 RESET 键或挂机可解除。

图 5-29　呼叫显示面板

（二）客舱呼叫系统

客舱呼叫系统用于旅客呼叫乘务员，由旅客控制面板上的呼叫乘务员按钮控制，呼叫时显示面板上的蓝色指示灯闪亮，并伴有单高音铃声。再次按旅客控制面板上的呼叫乘务员按钮控制可解除。

（三）盥洗室呼叫系统

盥洗室呼叫系统的相关内容详见本章第二节，此处不再赘述。

二、内话机

内话机是集通话和广播于一体的综合话机，前后舱门乘务员工作座席处各 1 台，用于机组之间通话、乘务员之间通话、客舱广播及报警等。内话机结构如图 5-30 所示，内话机正面按键和背面数字说明如表 5-10 所示。

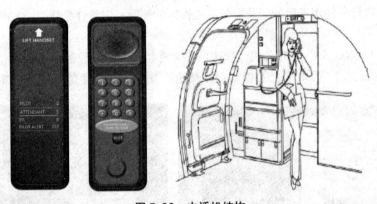

图 5-30　内话机结构

表 5-10　内话机正面按键和背面数字说明

按　　键	说　　明
2	驾驶舱通话
5	乘务员之间通话
8	客舱广播
222	紧急呼叫驾驶舱
PASSENGER ADDRESS / PUSH TO TALK	客舱送话键
RESET	复位

（一）内话机的操作方法

（1）通话: 从存放架上取下内话机，按表中相应数字按键即可进行通话，结束后按"RESET"键或挂机。

（2）客舱广播: 从存放架上取下内话机，按下"8"键后持续按住"PASSENGER ADDRESS / PUSH TO TALK"键，即可进行客舱广播，结束后按"RESET"键或挂机。

（二）内话机的操作注意事项

为保证紧急情况时紧急通知广播不被干扰覆盖，客舱广播设有等级操控系统，顺序为: 驾驶舱广播 > 乘务员广播 > 预录广播 > 机上录像 > 登机音乐 > 耳机频道。

第六节　娱乐系统与机内照明

一、娱乐系统

老式波音 737-800 客舱娱乐系统包括音频系统和视频系统。音频系统用于登机音乐和预录广播内容，视频系统用于播放电视节目、安全须知和飞行情况等内容。

（一）音频系统

音频系统的控制面板位于前舱门乘务员座席上方，由地面机务人员提前将各种广播内容及音乐录入该系统，乘务员根据需要按压数字键进行选，旅客通过旅客服务组件的扬声器收听。音频系统控制面板的结构如图 5-31 所示，其按键及说明如表 5-11 所示。

图 5-31　音频系统控制面板结构

表 5-11　音频系统控制面板按键及说明

按　　键	说　　明
ANNC	预录广播
MUSIC	登机音乐
START	开始
STOP	结束
VOLUME	音量调节

1. 音频系统的操作方法

（1）按 ANNC 键或 MUSIC 键，准备播放预录广播或登机音乐。

（2）按数字键进行选择播放内容（事先设定好数字对应的播放内容，预录广播包括不同语言的欢迎词、紧急迫降介绍等），并显示在显示屏上。

（3）按 VOLUME 键可调节音量至适宜。

（4）按 START 键开始。

（5）按 STOP 键结束。

2. 音频系统的操作注意事项

（1）播放音量的大小应不影响旅客谈话。

（2）旅客登机完毕后必须按 STOP 键以防占用旅客耳机频道。

（二）视频系统

视频系统的控制面板位于前舱门处的储物柜内，包括 1 台主机和两台录像机，用于播放预先存储的影视节目、登机信息等；客舱顶部设有 20 台伸缩式液晶显示屏，在旅客服务组件内部，由主机控制收放，如图 5-32 所示。

新式波音 737-800 客舱娱乐系统（IFE）大多配有音频 / 视频点播系统（AVOD），该系统为每一名旅客提供了独立的、个性化的娱乐服务，旅客可以通过座椅上的触摸屏显示器点播自己喜爱的歌曲或视频，也可以查看飞机动态位置地图或收看电视节目等。AVOD 设有独立的音频通道，

图 5-32　视频系统

在每个显示器上都有耳机插孔，旅客可以使用耳机欣赏音乐或视频，既可避免受客舱噪声影响，也不会对其他旅客产生影响。此外，某些波音 737-800 机型还预装了无线娱乐系统，旅客可使用个人娱乐设备（如平板电脑、笔记本电脑）访问热点，在飞机上享受上网服务。

二、机内照明

波音 737-800 机型机内照明系统包括驾驶舱照明、客舱照明和应急照明。客舱照明由白炽灯和荧光灯提供，包括顶灯、窗灯、阅读灯、标志照明灯、入口灯、乘务员工作灯、盥洗室灯和厨房灯等。

（一）机内照明的操作方法

（1）客舱内的顶灯、窗灯、入口灯和乘务员工作灯由前后舱门乘务员控制面板控制（相关内容详见本章第四节）。

（2）阅读灯由旅客服务组件控制（相关内容详见本章第四节）。

（3）厨房灯由前后厨房配电门控制（相关内容详见本章第二节）。

（4）盥洗室灯由盥洗室门控制，门打开时，灯光强度为暗亮；门锁闭时，灯光强度为明亮。

（5）标志照明灯包括"请勿吸烟"指示灯、"系好安全带"指示灯、"请回座位"指示灯，由驾驶舱人工或自动控制。

（6）应急照明系统相关内容详见第十一章第六节。

（二）机内照明的注意事项

（1）在登机、安全示范和下机时将灯光全部打开（100%）。

（2）在起飞、下降时将灯光调暗至最低限度，并留 10% 顶灯灯光以增加紧急情况下的能见度。

（3）服务时调整客舱灯光（不超过 50% 亮度），以保证提供正常舒适的光亮度为宜。

（4）夜间航行以及晚餐和第二餐供应期间，使用较暗的灯光。

（5）在供餐前不要用强光唤醒旅客。

案例资料

波音 737 系列飞机升降舵机械故障

2004 年 6 月 10 日，从北京到香港的国航波音 737 型 CA109／110 航班，起飞后不久，在 1 800 英尺高空突然难以操作，飞机整体向右方倾斜，但是飞机发动机等系统都正常，有专家称出现该情况是由于副翼电配平系统在设计方面存在不足。

【点评分析】

波音 737 在执行飞行任务之前需要进行全面的安全检查。在近年来出现波音 737 机型故障之后，中国民航局非常重视对飞机起飞前的检查。机检检查是为了防止波音 737 升降舵调整片控制机构后安装凸耳的轴承出现松动，引起升降舵和调整片出现不期望的震动，而上述情况会造成升降舵或水平安定面结构失效，导致飞机失控和丧失结构完整性。

知识链接

波音公司历史发展

波音公司是全球航空航天业的领袖公司，也是世界上最大的民用和军用飞机制造商之一。此外，波音公司设计并制造旋翼飞机、电子和防御系统、导弹、卫星、发射装置以及先进的信息和通信系统。作为美国国家航空航天局的主要服务提供商，波音公司运营着航天飞机和国际空间站。波音公司还提供众多军用和民用航线支持服务，其客户分布在全球 90 多个国家。就销售额而言，波音公司是美国最大的出口商之一。

创立公司

1916 年 7 月 15 日，威廉·爱德华·波音创建了太平洋飞机制造公司，并于 1917 年改名波音公司，1929 年更名为联合飞机及空运公司，1934 年按政府法规要求拆分成三个独立的公司：联合飞机公司（现联合技术公司）、波音飞机公司、联合航空公司。1961 年，原波音飞机公司改名为波音公司。波音公司建立初期以生产军用飞机为主，并涉足民用运输机。其中，P-26 驱逐机以及波音 247 型民用客机比较出名。1938 年，波音公司研制开发的波音 307 型是第一种带增压客舱的民用客机。

军用时代

20 世纪 30 年代中期，波音公司开始研制大型轰炸机，包括在第二次世界大战中赫赫有名的 B-17（又名"空中堡垒"）、B-29 轰炸机，以及东西方冷战时期著名的 B-47 和 B-52

（又名"同温层堡垒"）战略轰炸机，B-52 服役后 30 多年中一直是美国战略轰炸力量的主力。美国空军中比较出名的 KC-135 空中加油机以及 E-3（又名"望楼"）预警机也是由波音公司生产。

商用时代

20 世纪 60 年代以后，波音公司的主要业务由制造军用飞机转向商用飞机。1957 年，在 KC-135 空中加油机的基础上研制成功的波音 707 是该公司的首架喷气式民用客机，共获得上千架的订单。从此在喷气式商用飞机领域内便一发不可收拾，先后发展了波音 717、波音 727、波音 737、波音 747、波音 757、波音 767、波音 777、波音 787 一系列型号，逐步确立了全球主要商用飞机制造商的地位。其中，波音 737 是在全世界被广泛使用的中短程窄体民航客机。波音 747 一经问世就长期占据了世界最大的远程宽体民航客机的头把交椅，直到 2008 年才被 A380 取代。美国总统的专机"空军一号"也是由该公司出产的波音 707 以及波音 747-200B 特殊型号改装而成。

民用时代

1997 年，波音公司宣布，原波音公司与原麦克唐纳·道格拉斯公司（简称"麦道公司"）完成合并，新的波音公司正式营运。麦道公司曾经是美国最大的军用飞机生产商，著名的 F-4 "鬼怪"、F-15 "鹰"、C-17 军用运输机、DC 系列以及 MD 系列商用飞机就产自该公司。

随着 1997 年波音公司对麦道公司的吞并，波音公司在民用飞机领域的传统优势因麦道系列飞机的加入而进一步加强，也使合并后的波音公司在民用航空领域拥有了 70 年的领先历史。波音公司现有的主要民机产品包括 707、717、737、747、767、777、787 系列飞机和波音公务机。新产品研发的重点是波音 787，不过由于种种情况直到 2011 年才正式交付使用。目前的重点系列为波音 797。全球现役的波音民用飞机接近 13 000 架，约占全球机队总量的 75%。波音民用航空服务部通过一流的全天候技术支持帮助用户保持飞机的最佳使用状态，同时为全球用户提供一整套具有国际水准的工程、改装、物流和信息服务，服务对象包括经营客、货运业务的航空公司，以及飞机维护、修理和大修厂商。波音翱腾航训公司是全球最大最全面的航空培训提供商，为飞机市场培训飞行及维护人员。

2015 年 9 月 23 日，习近平在参观美国华盛顿州埃弗雷特波音总装线后发表讲话，宣布了多项将拓展和深化中美互利合作的协议，包括此前一天签署的 300 架波音单通道飞机和宽体飞机的确认订单和承诺订单，以及波音与中国民用航空业之间更加广泛的合作。

2017 年 4 月，波音和捷蓝航空投资了电动飞机创业公司 Zunum Aero。这家公司研发的电动飞机将来有可能彻底改变短途航班。Zunum Aero 目前正在设计和生产 10 ～ 50 座、航程为 700 英里的电动飞机，并计划在 2030 年推出航程 1 000 英里的电动飞机。Zunum Aero 正式发表声明称，这些电动飞机将填补"巨大的地区性交通真空"，将繁忙航线的出行时间缩短 40%，将交通流量较少的地区之间的出行时间缩短 80%。

练习题

1. 波音 737-800 的主要客舱设备有哪些？列举五个。
2. 波音 737-800 的舱门如何操作？应急出口如何操作？
3. 波音 737-800 的厨房设备有哪些？如何操作？
4. 波音 737-800 的卫生间设备有哪些？如何操作？
5. 波音 737-800 的乘务员工作面板如何操作？

第六章 空客 A320 型机上设备

空中客车 A320 系列飞机是欧洲空中客车工业公司研制生产的双发中短程单通道 150 座级客机，是与同期的波音 737 系列相抗衡的竞争机型。空中客车 A320 系列飞机于 1982 年 3 月正式启动研制，截至 2018 年 2 月，空中客车公司已向全球客户交付了 A320 系列飞机逾 8 000 架，成为历史上销量第二的喷气式客机。A320 系列飞机采用了先进的气动设计、大量轻型复合材料、降低机械复杂性的电传操纵，是第一款使用数字电传操纵飞行控制系统的商用飞机。A320 系列飞机包括 A318、A319、A320、A321 和 A320NEO，五种机型的基本座舱配置相同，均采用侧置操纵杆代替传统驾驶盘；双水泡机身截面大大提高了货舱中装运行李和集装箱的能力；单通道客机中最宽的机身截面使客舱宽敞而舒适。加之 A320 系列飞机出色的共通性和经济性，使其成为单通道飞机中的典范之作。空客 A320NEO 系列飞机是 A320 系列飞机的最新机型，包括 A319NEO、A320NEO 和 A321NEO 三种机型，该系列飞机安装了新型的高效发动机，并配备了空客最新的鲨鳍小翼，相比现款 A320 系列飞机能够降低 15% 的燃油消耗。

第一节 空客 A320-200 机型介绍

一、空客 A320-200 机型的特征

空客 A320 系列飞机的基本型号包括 A320-100 和 A320-200 两种。A320-100 型号于 1987 年 2 月 14 日出厂，只有机翼油箱，航程短、有效载重较小，只生产了 21 架。A320-200 型号是主要型号，载客量和座舱内部结构与 A320-100 型号均相同，但采用了翼尖小翼和中央翼油箱，增加了有效载重和航程。图 6-1 所示为空客 A320 系列型号的外形。

图 6-1 空客 A320 系列

（一）基本数据

空客 A320-200 机型的基本数据如表 6-1 所示。

表 6-1 空客 A320-200 机型的基本数据

项　目	参　数
机长	37.57 米
机高	11.76 米
翼展	34.1 米
客舱宽度	3.7 米
载客	标准两级客舱布局 150 人 / 单级客舱布局最多 180 人
空重	42 400 千克
最大起飞重量	77 000 千克
最大载油量	29 680 升
巡航速度	0.78 马赫（955.56 千米 / 时）
最大速度	0.82 马赫（1004.57 千米 / 时）
航程	5 700 千米（3077 海里）
最大巡航高度	12 000 米
起飞场长	2 090 米
动力装置	两台 CFM56-5B 涡扇发动机

（二）机型的特征

空客 A320-200 机型与其他 A320 系列飞机相比，其典型特征如下。

（1）机身短而细，比 A318（31.44 米）和 A319（33.84 米）长，比 A321（44.51 米）短。

（2）舱门有四个，中间两门紧挨着。

（3）主起落架为一排轮子。

（4）驾驶舱最边上的窗为五边形。

（5）翼尖有小翼。

（6）标准两级客舱布局载客 150 人（最大 180 人），比 A318（107 人）和 A319（124 人）多，比 A321（186 人）少。

（7）最大航程 5 700 米，比 A321（5 600 米）长，比 A318（5 950 米）和 A319（6 800 米）短。

二、客舱内设备说明

空客 A320-200 机型是单通道窄体客机，客舱宽度为 3.7 米，两级客舱布局和单级客舱布局情况下的座位布局不同，以天津航空公司为例，如图 6-2 所示，汇总如表 6-2 所示。

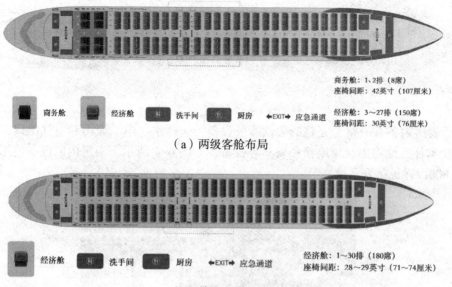

商务舱：1、2排（8席）
座椅间距：42英寸（107厘米）

经济舱：3～27排（150席）
座椅间距：30英寸（76厘米）

（a）两级客舱布局

经济舱：1～30排（180席）
座椅间距：28～29英寸（71～74厘米）

（b）单级客舱布局

图 6-2 空客 A320-200 机型的客舱布局

表 6-2 空客 A320-200 机型的客舱布局

客舱布局	两级布局	单级布局
商务舱座位布局	8座，1、2排（2-2布局）	0
经济舱座位布局	150座，3～27排（3-3布局）	180座，1～30排（3-3布局）
座位总数	158座	180座
紧急出口	在经济舱中部9～11排，客舱左侧2个：WL1、WL2；客舱右侧2个：WR1、WR2	在经济舱中部13～15排，客舱左侧2个：WL1、WL2；客舱右侧2个：WR1、WR2
舱门	客舱左侧2个：L1、L2；客舱右侧2个：R1、R2	
盥洗室	机头左侧1个，机尾两侧2个	
厨房	机头右侧1个，机尾中间1个	
衣帽间	机头两侧2个	
乘务员座席	L1门2个，L2门1个，R2门2个，后右卫生间旁1个	

第二节 空客 A320-200 厨房与卫生设备

一、厨房设备

空客 A320-200 机型设有两个厨房，前厨房位于 R1 门的前部，负责商务舱旅客和机组人员的餐饮服务；后厨房位于 L2 门和 R2 门中间的后部，负责经济舱旅客的餐饮服务，如图 6-3 所示。

图 6-3 厨房布局

前后厨房内各有一整套完整的餐饮服务设备，包括水、电、废污和空气出口，烤箱、烧水器、烧水杯、储物柜、垃圾箱和餐车等设备，如图 6-4 所示。厨房内的设备使用方法同波音 737-800，详见第五章第二节。

图 6-4 厨房

二、盥洗室设备

空客 A320-200 机型设有 3 个盥洗室，L1 门的前部左侧有 1 个；L2 门前部左侧和 R2 门前部右侧分别有 1 个，如图 6-5 所示。

图 6-5 盥洗室布局

每个盥洗室的内部结构都类似，如图 6-6 所示，包括冷热水、污水和空调空气的出口、盥洗室服务组件、马桶组件、洗手池组件、烟雾报警器、灭火设备、废纸箱、婴儿折叠板及残疾人使用的设施等。

A320 机型盥洗室用水来源于飞机客舱地板下面的水箱，容积为 200 升；马桶的废污排入地板下面的污水箱，容积也为 200 升。盥洗室水关断阀门位于废纸箱柜门下部，当洗手池或马桶出现漏水等故障时，通过控制手柄打开或关闭水阀门（绿色为关位，蓝色为开位），如图 6-7 所示。关闭水阀门后，为了防止热水器过热，还要关闭热水器，并关闭洗手池。此外，在洗手池下面有一个圆形浮动活门，当洗手池堵塞时，通过拉起活门顶部的圆环，可以操控排水。

① 手纸架
② 洗手液
③ 水龙头
④ 镜子
⑤ 应急灯和镜灯
⑥ 通风孔
⑦ 扬声器
⑧ 纸巾存放处
⑨ 盥洗室服务组件
⑩ 垃圾箱
⑪ 洗手池
⑫ 自动灭火装置

图 6-6　盥洗室的内部结构

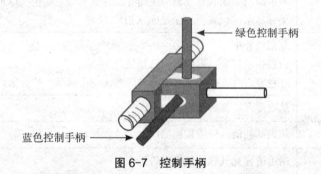

图 6-7　控制手柄

第三节　出入机舱设备

一、飞机舱门

A320 机型客舱共设有 4 个舱门，如图 6-8 所示，客舱左侧的 2 个舱门为旅客登机门，用于旅客和机组人员上下飞机，用 L1 和 L2 表示，其中 L1 为主要登机门；客舱右侧的 2 个舱门为服务门，用于对接食品车、电源车、排污车、加水车和行李托运车等，用 R1 和 R2 表示。

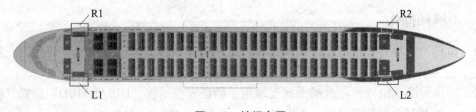

图 6-8　舱门布局

客舱 4 个舱门均为"I"型，结构如图 6-9 所示。舱门部件及作用如表 6-3 所示。

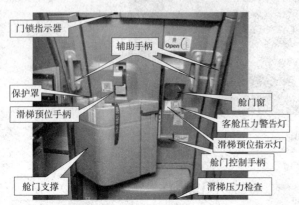

（a）舱门内部结构

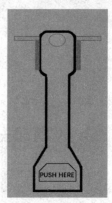

（b）舱门外部把手

图 6-9 舱门结构

表 6-3 舱门部件及作用

舱 门 部 件	作 用
舱门锁指示器	显示舱门关闭状态。舱门关闭并锁好显示绿色底色"LOCKED"字样；舱门未关好显示红色底色"UNLOCKED"字样
观察窗 滑梯预位指示灯 客舱压力警告灯	观察机外情况 白色指示灯亮，提醒滑梯已预位 红色警告灯亮，提醒客舱内外压差未完全解除
舱门控制手柄	从内部开启或关闭舱门
辅助手柄	从内部辅助推开或拉回舱门
滑梯压力指示表	指示滑梯充气瓶的压力是否正常
滑梯包	存放滑梯
滑梯分离器 手柄 手柄位置指示牌 安全销	使滑梯预位或解除预位 上抬为解除预位；下按为预位 绿色解除预位 / 红色预位 滑梯解除预位时加固手柄位置
滑梯挂钩	滑梯杆挂在挂钩上时滑梯不会充气
阵风锁	当舱门打开时，固定舱门

（一）滑梯操作

（1）滑梯预位操作：按住安全销顶部释放按钮将其拔出，插入安全销存放孔内，展平警示带；下按手柄至红色手柄位置指示牌"ARMED"位置。

（2）滑梯解除预位操作：上抬手柄至绿色手柄位置指示牌"DISARMED"位置，取出安全销并按住顶部释放按钮将其插入安全销孔内。

（二）舱门的操作方法

1. 内部开启舱门

（1）确认客舱压力警告灯未亮。

（2）确认滑梯已解除预位。

（3）确认舱门外无障碍物。

（4）将舱门控制手柄向上抬起，确认滑梯预位指示灯未亮后继续抬至 180°。

（5）握住辅助手柄向外推动舱门，直至被阵风锁锁定。

2. 内部关闭舱门

（1）确认舱门内外无障碍物。

（2）按下阵风锁，并借助下方把手柄向内拉动舱门至舱内。

（3）将舱门控制手柄向下压 180° 至关闭。

（4）确认舱门指示器显示 "LOCKED" 锁定字样。

（5）检查舱门密封状态，确定舱门前没有夹杂物。

3. 外部开启舱门

（1）确认舱门外无障碍物。

（2）从观察窗确认客舱压力警告灯未亮。

（3）按进外部手柄解锁板，向上抬起手柄至绿色标线。

（4）将舱门向外拉开，直至被阵风锁锁定。

4. 外部关闭舱门

（1）确认舱门内外无障碍物。

（2）按住阵风锁直至舱门拉动后放开。

（3）将舱门推回至舱内。

（4）将外部手柄下压至与舱门平齐。

（5）检查舱门密封情况，确认舱门没有夹杂物。

（三）舱门的操作注意事项

（1）观察窗下面两个警示灯正常情况下开启舱门时都不亮，若滑梯预位指示灯亮，需再次确认滑梯预位状态；若客舱压力警告灯亮，需关闭舱门并立即报告机长。

（2）滑梯预位手柄在 "ARMED" 位置时，从外侧开启舱门后滑梯将自动回到 "DISARMED" 位置。

（3）滑梯预位和解除滑梯预位必须按照乘务长指令操作。

（4）内部开启和关闭舱门时，乘务员应握住辅助手柄再操作舱门控制手柄。

（5）舱门打开后无任何衔接物时须挂上阻拦锁，关门前须收回。

二、应急出口

空客 A320 机型客舱共设有 4 个翼上应急出口，如图 6-10 所示，客舱左侧的 2 个应急出口用 WL1 和 WL2 表示，客舱右侧的 2 个应急出口用 WR1 和 WR2 表示。

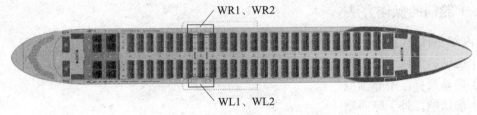

图 6-10　应急出口布局

客舱 4 个翼上应急出口均为"III"型，结构如图 6-11 所示。

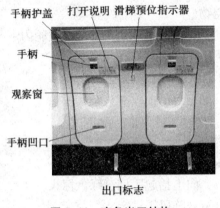

图 6-11　应急出口结构

（一）应急出口的操作方法

（1）取下手柄护盖。
（2）手柄灯亮，滑梯预位指示器亮。
（3）下拉操作手柄，抓住底部扶手，移开应急出口。
（4）若滑梯不能自动充气，拉动人工充气手柄。

（二）应急出口的操作注意事项

（1）取下的翼上应急窗口要放在不妨碍撤离的位置。
（2）应急出口始终处于待命状态，仅限紧急情况下使用。

第四节　空客 A320 型飞机乘务员控制面板

空客 A320 机型配有前后两个乘务员控制面板，分别位于前舱门 L1 和后舱门 L2 的乘务员工作区。乘务员控制面板有触摸式和液晶显示式，可以控制客舱灯光、预录广播、登机音乐、清 / 污水状况、烟雾报警灯，液晶显示式控制还增加了对客舱温度、舱门、滑梯状态的监控。

一、前舱门乘务员控制面板

前舱门乘务员控制面板位于前舱门 L1 处乘务员座位上方，由液晶触摸屏和杂项面板组成，设有音频控制系统、灯光控制系统、舱门及滑梯预位显示系统、温度控制系统、清 / 污水显示系统和故障显示系统，如图 6-12 所示。前舱门乘务员控制面板预位上的按键及作用如表 6-4 所示。

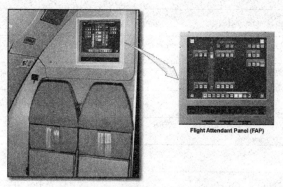

（a）前舱门乘务员控制面板位置

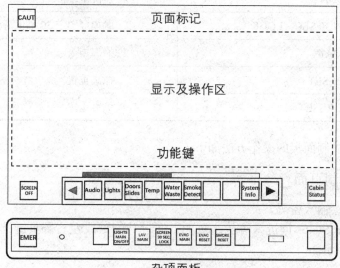

杂项面板

（b）前舱门乘务员控制面板按键

图 6-12　前舱门乘务员控制面板

表 6-4　前舱门乘务员控制面板按键及说明

按　键	说　明
CAUT	信息提示灯
SCREEN OFF	屏幕关闭键
Audio	音频控制系统
Lights	灯光控制系统
Doors / Slides	舱门及滑梯预位显示系统

续表

按 键	说 明
Temp	温度控制系统
Water / Waste	清 / 污水显示系统
Smoke Detect	烟雾探测系统
Cabin Status	返回主菜单，进入客舱页面
绿色滚动条	显示当前页面位置
三角按键	向左 / 右翻页
EMER	应急灯光控制系统
LIGHTS MAIN ON / OFF	主灯光开 / 关
LAV MAIN	盥洗室维护
SCREEN 30 SEC. LOCK	触摸屏锁定 30 秒供清洁
EVAC MAIN	撤离指令
EVAC RESET	撤离重置
SMOKE RESET	烟雾重置

前舱门乘务员控制面板的操作方法如下。

（一）选择控制页面

（1）打开电源，输入密码。

（2）触摸 Cabin Status 键进入客舱主页面，通过功能键或左右翻页键选择所需客舱控制系统，如图 6-13 所示。

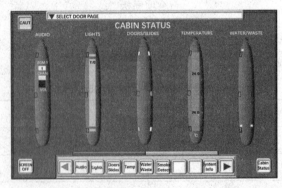

图 6-13　客舱主页

（二）操作音频控制系统

音频控制系统（AUDIO）页面如图 6-14 所示，页面中的按键及作用如表 6-5 所示。

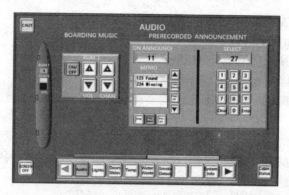

图 6-14 音频控制系统

表 6-5 音频控制系统按键及说明

按　　键	作　　用
BOARDING MUSIC	登机音乐
BGM	背景音乐
CHAN	频道
VOL	音量
ON / OFF	登机音乐开关
PRERECORDED ANNOUNCEMENT	预录广播
ON ANNOUNCE	正在广播
MEMO	记忆广播项目
Clear Memo	清除记忆项目
Clear All	清除全部记忆项目
Stop	停止播放
Play Next	播放下一个记忆项目
Play All	播放全部记忆项目
SELECT	选择区
Clear	清除
Enter	输入

1. BOARDING MUSIC 面板的操作方法

（1）按 ON / OFF 键，其变为绿色。

（2）飞机图形显示当前频道和音量。

（3）根据需要调节 BOARDING MUSIC 面板上的频道和音量。

（4）播放完毕，按 ON / OFF 键，其变为灰色，飞机图形变成全灰且不显示内容。

2. PRERECORDED ANNOUNCEMENT 面板的操作方法

（1）按 SELECT 面板上的数字键选择所需项目编号。

（2）按 Enter 键，所选项目输到 MEMO 面板。

（3）按 Play Next 键或 Play All 键播放所需项目。

（4）播放完毕，清除所有记忆项目。

3. 注意事项

（1）登机音乐在旅客登机和下机时播放。

（2）登机音乐频道和音量应预先调好，音乐应轻松愉快，音量应适中。

（3）广播项目按航空公司要求播放。

（三）操作灯光控制系统

灯光控制系统（LIGHTS）页面如图 6-15 所示，页面中的按键及作用如表 6-6 所示。

图 6-15　灯光控制系统

表 6-6　灯光控制系统按键及说明

按　键	作　用
Main On / Off	总开关
AISLE	客舱顶灯开关
WDO	客舱窗灯开关
R / L Set	打开阅读灯
R / L Reset	关闭阅读灯
FWD	前入口灯开关
AFT	后入口灯开关
BRT	100% 亮度
Y / C	客舱顶灯和窗灯开关
DIM1	50% 亮度
DIM2	10% 亮度

灯光控制系统面板的操作方法：根据需要按下相应按键，其变为绿色；再次按下相应绿色按键即为关闭，其变为灰色。

（四）操作舱门及滑梯预位显示系统

舱门及滑梯预位显示系统（DOORS / SLIDES）页面如图 6-16 所示，页面中的颜色显示及说明如表 6-7 所示。

图 6-16　舱门及滑梯预位显示系统

表 6-7　舱门及滑梯预位显示系统颜色显示及说明

颜　　色	说　　明
红色	舱门打开或未关闭好
黄色	舱门已正确关闭，滑梯在解除预位状态
绿色	舱门已正确关闭，滑梯在预位状态

（五）操作温度控制系统

温度控制系统（CABIN TEMPERATURE）页面如图 6-17 所示，页面中的按键及作用如表 6-8 所示。

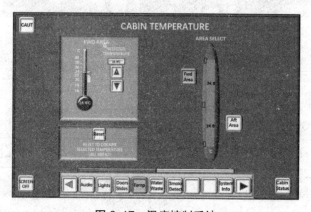

图 6-17　温度控制系统

表 6-8　温度控制系统按键及说明

按　键	作　用
AREA SELECT	区域选择
Fwd Area	客舱前部
Aft Area	客舱后部
SELECTED TEMPERATURE	目标温度
Reset	重置至驾驶舱调节的温度（全部区域）

CABIN TEMPERATURE 面板的操作方法如下。

（1）按 Fwd Area 键或 Aft Area 键选择控制区域，左侧显示调节页面。

（2）按 "+" 或 "-" 键调节温度，每按一次温度变化 0.5℃，调至所需温度，显示在 SELECTED TEMPERATURE 窗口。温度计右侧绿色箭头指示目标温度，浅色区域为温度调节范围 ±2.5℃。

（六）操作清 / 污水显示系统

清 / 污水显示系统（WATER / WASTE）页面如图 6-18 所示。清 / 污水显示系统按键及说明如表 6-9 所示。

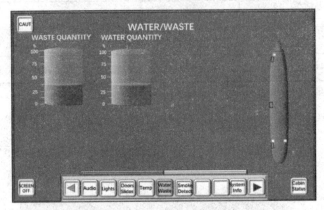

图 6-18　清 / 污水显示系统

表 6-9　清 / 污水显示系统按键及说明

按　钮	说　明
WASTE QUANTITY	显示污水量
WATER QUANTITY	显示清水量

清 / 污水显示系统页面上的 WASTE QUANTITY 区域显示污水量，用百分比表示，起飞前应在 "0" 位；WATER QUANTITY 区域显示清水量，起飞前应在 "100" 位。

二、后舱门乘务员控制面板

后舱门乘务员控制面板位于后舱门 L2 处乘务员座位上方，设有客舱灯光系统和紧急撤离信息控制系统，如图 6-19 所示。后舱门乘务员控制面板上的按键及说明如表 6-9 所示。

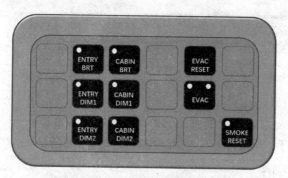

图 6-19　后舱门乘务员控制面板

表 6-10　后舱门乘务员控制面板按键及说明

按　键	说　明
ENTRY BRT	后入口灯
CABIN BRT	客舱灯
EVAC RESET	解除应急报警
EVAC	应急报警键
SMOKE RESET	盥洗室烟雾警告的指示和重置

第五节　A320 机型机内通信系统

一、机内呼叫系统

A320 机型的机内呼叫系统包括机组呼叫系统、客舱呼叫系统和盥洗室呼叫系统。呼叫流程详见第七章第二节，AIP 绿色指示灯亮起，显示呼叫位置、座位排数及左右方向（L / R）。盥洗室呼叫：呼叫流程详见第五章第二节，AIP 绿色指示灯亮起，显示呼叫盥洗室位置（LAV A / D / E）。机组呼叫：呼叫流程详见第五章第五节。呼叫系统信息呈现在乘务员显示面板（AIP）和呼叫显示面板（ACP）上。

（一）乘务员显示面板

乘务员显示面板（Additional Indication Panel，AIP）安装在乘务员座席一侧的壁板上，显示客舱广播、内话系统的拨号和呼叫等信息。AIP 包括中间的液晶显示屏和两侧的指示灯，其结构如图 6-20 所示。

红色灯　　　　　　　　液晶显示屏　　　　　　绿色灯

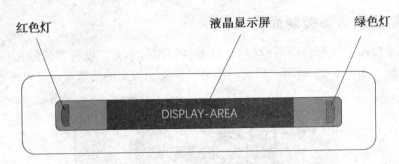

图 6-20　乘务员显示面板

（1）液晶显示屏：显示通信系统使用状态及呼叫区域等信息。

（2）指示灯：红色灯，紧急情况下亮起，闪烁表示紧急程度较高；绿色灯，正常呼叫时亮起。

（二）呼叫显示面板

呼叫显示面板（Area Call Panel，ACP）安装在乘务员座席附近过道的天花板上，提供呼叫系统信息的远程视觉显示。ACP 包括不同颜色的 LED 灯光和响声，如图 6-21 所示。

琥珀色　　　　　　　　粉红色灯　　　　　　　蓝色

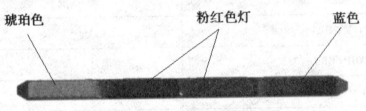

图 6-21　呼叫显示面板

（1）琥珀色：盥洗室呼叫或盥洗室烟雾报警。

（2）蓝色：客舱呼叫。

（3）粉红色：驾驶舱内话呼叫或乘务员之间的内话呼叫。

二、内话机

A320 机型的内话机位于前后舱门乘务员座席处，通过按不同的电话键可以与机组或乘务员通话，进行客舱广播，以及报警。内话机结构如图 6-22 所示，内话机正面的按键及作用如表 6-10 所示。

内话机的操作方法如下。

（1）从存放架上取下内话机，AIP 显示 #。

（2）按下表 6-10 中的相应按键即可进行呼叫，AIP 上显示呼叫站位 / 被呼叫站位信息，并且 AIP 和 ACP 相应指示灯亮起，提示音响起。

（3）被呼叫者取下内话机即可接听。

（4）通话结束后按"RESET"键或挂机。

（5）客舱广播时需按下 PPT 键声音才能进入客舱，通话时无须按 PPT 键。

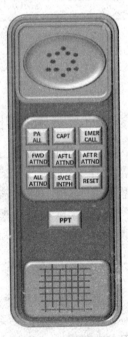

图 6-22　内话机结构

表 6-10　内话机按键及说明

按　键	说　明
PA ALL	全客舱广播
CAPT	呼叫驾驶舱
EMER CALL	紧急呼叫
FWD ATTND	呼叫 L1 门乘务员
AFTL ATTND	呼叫 L2 门乘务员
AFTR ATTND	呼叫 R2 门内话机
ALL ATTND	呼叫所有乘务员
SVCE INTPH	呼叫地面机务
RESET	重置内话机将其复位
PPT	送话键

案例资料

空客 A320-200 飞机擦机尾

2016 年 5 月 11 日，一架 Jetstar 公司的空客 A320-200 飞机从墨尔本飞往霍巴特，飞机在墨尔本机场的 27 号跑道起飞。飞机起飞后，后客舱的乘务员报告机长说他们觉得飞机抬轮时声音异常，同时感觉起飞时离地姿态比正常大。机组在大约 6.858 千米处停止爬升，并决定返回墨尔本机场。起飞后 35 分钟，飞机返回墨尔本机场安全着陆。事后检查没有发现飞机存在结构性损伤。

【点评分析】

A320-200 型飞机的擦机尾姿态为：主轮压缩时 11.7°、主轮伸展时 13.5°。起飞后，后客舱的乘务员意识到抬轮速率过快，并与机长进行了讨论。在爬升过程中，飞机无异常指示。机组向空中交通管制（ATC）报告说起飞滑跑时发现有鸟，ATC 随后检查了跑道，未发现有鸟击痕迹。但机组并未报告 ATC 在起飞时发生擦机尾的可能性。在飞机爬升期间，客舱乘务员报告机长说，他们在飞机抬轮时听到异常的噪声。决定返回墨尔本后，机组报告 ATC 由于"发动机故障"申请返回墨尔本。事后检查发现，飞机的 APU（辅助动力单元）导流片和 APU 排水桅杆受损。返回墨尔本落地后，机务检查证实发生擦机尾。机长此时才将此信息通报给 ATC。ATC 限制 27 号跑道运行，并执行道面碎片检查。

知识链接

空中客车工业公司发展历史

创建初衷

欧洲空中客车工业公司（Airbus Industries，以下简称空中客车公司）作为一个欧洲航空公司的联合企业，其创建的初衷是为了同波音和麦克唐纳·道格拉斯那样的美国公司竞争。

在 20 世纪 60 年代，欧洲飞机制造商之间的竞争和美国飞机制造商之间的竞争一样激烈，于是在 60 年代中期关于欧洲合作方法的试验性谈判便开始了。

联合研制飞机计划

1967 年 9 月，英国、法国和德国政府签署了一个谅解备忘录（MoU），开始进行空中客车 A300 的研制工作。这是继协和飞机之后欧洲的第二个主要的联合研制飞机计划。空中客车公司虽然在其他机型上都有与波音公司竞争的机型，但只有在大型远程民用运输机这个市场上一直是一个空白，虽然曾推出空中客车 A340，但仍然不能撼动波音 747 的绝对优势地位。空中客车公司开发 500 ~ 800 座级大型民航运输机，意在抢夺由波音 747 把持的大型客机市场。空中客车公司提出了对未来民用航空发展的推断：未来世界民航运输机发展将继续向大型化发展，并以此提出了"枢纽/辐射"的理念，即旅客通过支线航班汇聚到枢纽机场，再由大型运输机运送到另一枢纽机场，最后再乘坐支线客机到达目的地。空中客车公司认为，改善 21 世纪空中交通拥挤的最好办法是增加运力；空中客车公司推出超大型运输机计划项目曾引起不少人的担忧，空中客车公司则认为大型客机市场前景十分乐观，同时为了完善空中客车的客机系列，占据更有利的地位与波音公司竞争，值得承担巨大的商业风险。

超大型客机的研发

空中客车公司于 20 世纪 90 年代早期开始超大型客机的研发计划，除为了完善机种，填补超大型客机的空白外，还希望借以打破波音 747 在超大型客机市场的垄断。过去道格拉斯 DC-10 和洛克希德 L-1011 三星客机已证明瓜分这一市场的风险。麦道公司亦有相似策略，推出 MD-12 计划，但最终终止。1993 年 1 月，波音与空中客车的数家合伙飞机制造商开始共同研究超大型商用飞机（Very Large Commercial Transport，VLCT）的可行性，并以合作建造的形式为目标。

超大型运输机计划

1994 年 6 月，空中客车公司宣布了其超大型运输机计划，最初该计划被称为"A3××"。A3×× 将与 VLCT 计划和波音的 747 后继者——747× 竞争，747× 计划将波音 747 上层客舱加长以容纳更多乘客。VLCT 计划于 1996 年 7 月终止，波音公司亦于 1997 年终止 747× 计划。

2000 年 12 月，欧洲空中客车集团的主要持股者——欧洲航天国防集团与英国航天集团共同宣布，通过投资 88 亿欧元的 A3×× 计划，并将名称改为"A380"。当时已经有 6 家航空公司预订共 55 架 A380。A380 于 2001 年初正式定型，第一架 A380 出厂时计划的开发成本已升至 110 亿欧元。

成立城市空中运输部门

2018 年 5 月 29 日，空中空车公司宣布设立一个新的部门，负责监管未来的交通工具，例如飞行出租车、按需直升机。空中客车公司任命公司老将 Eduardo Dominguez Puerta 主管这个新成立的城市空中运输部门。

空中客车 A300

空中客车 A300 是欧洲空中客车公司设计生产的一种中短程宽体客机，A300 是世界上第一架双发动机宽体客机，也是空中客车公司第一款投产的客机。A300 于 1972 年投入生产，共生产 561 架。A300 飞机采用了许多其竞争对手机型所没有的技术。这些技术改善了飞机的可靠性，降低了营运成本，并且为双发延程飞行（ETOPS）铺平了道路。A300 的生产后来又促使波音公司研制波音 767。

空中客车 A310

空中客车 A310 是欧洲空中客车工业公司在空中客车 A300 的基础上研制的 200 座级中短程双通道宽体客机。机身缩短，设计了新的机翼，采用双人机组。A310 采用典型的两级座舱布局，标准载客量为 220 人。A310 于 1978 年 7 月开始研制，1982 年 4 月 3 日首架原型机首飞。A300 和 A310 的市场表现保证了空中客车公司作为波音公司的主要竞争对手的地位，从而促使空中客车公司进一步成功地研发了 A330 / A340 系列宽体客机。（空中客车 A300 和 A310 已于 2007 年 7 月停产）

空中客车 A318

空中客车 A318 是一百座级客机，是空中客车 A320 家族里面最小的成员，也叫"迷你空中巴士"，在开发阶段时使用的代号是 "A319M5"。A318 其实是由空中客车 A319 直接衍生出来的，是 A319 缩短型。空中客车 A318 项目是 1999 年启动的，航空公司能够用它在整个国内和支线市场上提供一种非常好的舒适性与技术性相结合的服务方法。在同级飞机里，A318 有最宽的客舱，即使是短途旅行，也不会牺牲舒适性，而且在它连接的飞行链中没有弱的航线。

空中客车 A319

据空中客车公司预测，在 1995—2011 年，世界民航运输业将需要大约 1 200 架 125 座级的中短程客机，空中客车 A319 就是为争夺这一市场而研制的中短程客机。A319 是从空中客车 A320 直接派生的缩短型。A319 项目发起于 1993 年 6 月，1995 年 8 月首飞，1996 年 4 月获型号合格证，同年 5 月交付使用。

空中客车 A320

空中客车 A320 系列飞机是空中客车公司研制生产的单通道双发中短程 150 座级客机。空中客车公司在其研制的 A300 / A310 宽体客机获得市场肯定，打破美国垄断客机市场的局面后，决定研制与波音 737 系列和麦道 MD-80 系列进行竞争的机型，旨在满足航空公司低成本运营中短程航线的需求，航空公司希望飞机能优化客舱布局，让行李和货运装卸更方便，使操作极具灵活性。

空中客车 A321

空中客车 A321 是空中客车公司研制的双发中短程客机，是空中客车 A320 的加长型，是 A320 系列飞机中最大的机型。某些航空公司购买 A321 用以代替波音 757。飞行员的资格证书与 A318、A319 和 A320 共用。与 A320 相比，A321 增加了 24% 的座位和 40% 的空间，机翼面积略微扩大，在机翼前后各增加两个应急出口，起落架被加固。空中客车 A321 采用典型的两级布局，可以乘坐 186 名乘客。

空中客车 A330

空中客车 A330 是一款由空中客车公司生产的双发中远程双过道宽体客机。A330 是空中客车公司的新一代电传操纵喷气客机。空中客车 A330 符合双发延程飞行（ETOPS）操作标准。A330 是空中客车公司于 1986 年宣布研制的，主要是用作取代同厂的空中客车 A300。

空中客车 A340

空中客车 A340 是一款由空中客车公司制造的四发动机远程双过道宽体客机。其基本设计类似于双发空中客车 A330，但是发动机多了两台，也就是说，一架双发空中客车 A330 上共装备 4 台发动机。A340 的最初设计目的是要在远程航线与波音 747 竞争。A340 载客量较少，适宜远程客运量少的航线。后来 A340 则是要与波音 777 竞争远程与超远程的飞机市场。（该机型已于 2011 年 11 月停产）

空中客车 A350

空中客车公司的 A350 飞机集中了空中客车公司的全部优势：用永不停止的技术和创新，创造出满足市场的需求，具有无与伦比的经济性的飞机。A350 系列有两种机型。其中 A350-800 型飞机采用三级客舱布局，可以载客 253 人，航程达 8 800 海里（16 300 千米）。它被看作是适用于远程商业运营的最小的经济性飞机。它同时还可以用于开辟新航线，为那些需求较弱的航线或者与空中客车其他机型组成混合机队提供优化的航空运输网络解决方案。

空中客车 A380

空中客车 A380 是空中客车公司研制生产的四发 550 座级超大型远程宽体客机，投产时也是全球载客量最大的客机。空中客车 A380 客机具有双层客舱与 4 台发动机，并因此形成了最易辨认的独特外形。空中客车 A380 在单机旅客运力上有无可匹敌的优势。在典型三舱等（头等舱—商务舱—经济舱）布局下可承载 555 名乘客。空中客车 A380 飞机被空中客车公司视为其 21 世纪的"旗舰"产品，有"空中巨无霸"之称。

练习题

1. 空客 A320-200 主要客舱设备有哪些？列举 5 个。
2. 空客 A320-200 舱门如何操作？应急出口如何操作？
3. 空客 A320-200 厨房设备有哪些？如何操作？
4. 空客 A320-200 盥洗室设备有哪些？如何操作？
5. 空客 A320-200 乘务员工作面板如何操作？

第七章 其他客舱设备

客舱设备除了前文所述的设备之外，还包括客舱座椅、行李架、旅客服务组件、观察窗、衣帽间和储物柜、婴儿摇篮、书报架等舱内基础设备。

第一节 客舱座椅

客舱座椅包括旅客座椅和乘务员座椅。旅客座椅有单人式、双联式和三联式，根据客舱等级设置而不同。普通三联式旅客座椅结构如图 7-1 所示，一般由头枕、靠背、坐垫、扶手、安全带、小桌板、救生衣、座椅口袋、阻拦杆等部分组成，各个部件的功能如下。

（1）头枕：固定头部，防止冲击。

（2）靠背：除了应急出口处的座椅靠背不可调，其他靠背角度均可调节（舱位不同，可调角度不同），但起降阶段必须调直。

图 7-1 普通三联式旅客座椅

（3）坐垫：水上撤离时坐垫可做漂浮物使用。

（4）扶手：扶手上有旅客控制组件，设有靠背调节按钮、耳机插孔、音量调节按钮、频道调节按钮等。

（5）安全带：坐垫上面有两条安全带，飞机起降、颠簸、紧急迫降时需扣好。

（6）小桌板：飞行中可供旅客用餐使用，在靠背后面或扶手内（舱位第一排或头等舱）。

（7）救生衣：每个坐垫下面或扶手内配备一件救生衣，用于水上撤离。

（8）座椅口袋：靠背后面配备一个口袋，装有航空公司宣传杂志、安全须知卡、清洁袋等。

（9）阻拦杆：在座椅下方，用于防止行李移动。

乘务员座椅有单人式和双联式，一般由自动折叠式座席、肩带、安全带和头枕组成，结构如图 7-2 所示。乘务员座椅是自动折叠式的，不用时自动折叠回原位；

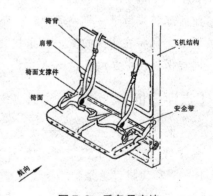

图 7-2 乘务员座椅

肩带是防止惯性的设备，不用时自动缩回原位。乘务员在飞机起飞、下降、滑行时需要回到自己的座位并系好安全带。

第二节　旅客服务组件

旅客服务组件位于行李架下方，其结构如图 7-3 所示，各个附件的功能如下。

图 7-3　旅客服务组件

（1）阅读灯光：按下阅读灯开关进行控制，旅客阅读刊物时使用。

（2）呼叫按钮：按下呼叫按钮，乘务员工作面板上蓝色呼叫灯亮并伴有声音提醒。当旅客需要帮助时可使用呼叫按钮。

（3）通风孔：旋转通风孔可调节空气流量。

（4）信息指示牌：包括"请勿吸烟""系好安全带"等提示信息，由驾驶舱操控。

（5）扬声器：收听客舱广播。

案例资料

飞机座椅扶手按钮失效

××年 5 月 15 日，B-××飞机航后质量监督发现 2007 年 4 月 15 日，乘务员在 CLB10091444 反映"28 排 C 座扶手调节按钮失效"，该故障 4 月 15 日至 16 日在北京过站按 MEL 放行，4 月 15 日至 16 日飞机在外站航后，故障按照"没有航材，回基地处理"答复，直至 5 月 14 日此故障仍未做进一步处理。5 月 16 日现场调查，B-××飞机 28C 座椅靠背倾斜角度仍不能调节，保持在中立位置，扶手按钮被固定在调节位置（按钮未弹出），28B 没有按钮，靠背同样保持在中立位置。

【点评分析】

根据现场查验，可以判断 B-××飞机 28C 座椅靠背不具备调节功能，固定的扶手按钮属正常状态，4 月 15 日乘务员对 28C 座椅扶手按钮失效的报告不准确。4 月 15 日至 16 日 B—××飞机过站维护工作过程中，工作人员没有对 28C 座椅扶手按钮失效故障进行仔细核实，在处理时间不足的情况下，未进行故障通报，导致飞机故障信息没有及时传递给乘务员。

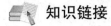 **知识链接**

民航小知识

1. 国际航线的免费行李额有什么规定?

国际航线免费行李额分为计重免费行李额和计件免费行李额两种。计重免费行李额,按照旅客所付的票价座位等级,每一全票或半票旅客免费行李额为:一等舱40千克(88磅),商务舱30千克(66磅),经济舱(包括旅游折扣)20千克(44磅),按成人全票价的百分之十购票的婴儿无免费行李额。计件免费行李额,按照旅客所付的票价座位等级,每一全票或半票旅客的免费行李额为两件,每件长、宽、高三边之和不得超过158厘米,每件重量不得超过32千克。但持有经济舱(包括旅游折扣)机票的旅客,其两件行李长、宽、高的总和不得超过273厘米,按成人全票价的百分之十购票的婴儿无免费行李额。

同时,随着民航业的发展,不同的航空公司、不同的航线对免费行李的要求也不一样,各位在订购机票时,一定要看清楚机票上关于免费行李的规定,并问清售票处工作人员应注意事项。实际上,只要你的行李大小能够放在飞机座位上的行李箱内,承运人一般不会去检查重量的。

告诫大家:某些航线行李千万不要超重,更不要超件,逾重费常常成倍地增长。如果实在超重,作为货物托运也比付超重行李费要便宜,各位要切记。

2. 为什么提前30分钟停办乘机手续?

在办完乘机手续后到飞机滑行到跑道尽头的30分钟内,民航工作人员要进行三个方面的工作:一是值机人员要结算旅客人数、行李件数、重量、货物件数、邮件等,并根据以上数据进行载重平衡的结算(载重平衡结算要画平衡图,计算重心位置),然后做好舱单,送上飞机交机组,飞机方可放行,这些工作大约需要15分钟;二是在进行上述工作的同时,广播室通知旅客开始登机,乘务员要核对登机牌,清点人数。旅客上了飞机后,乘务员要再次清点人数,防止有人漏乘,然后进行飞机起飞前的准备工作,给旅客讲解有关注意事项和机上设备使用方法,检查行李架上的行李是否放好,检查旅客的安全带是否系好等。搬运队还要往机舱内装行李、货物、邮件,以上工作虽是同步进行,但全部完成需要20分钟;三是剩下的10分钟,是飞机关好舱门滑行到跑道起始点所需的时间。所以飞机离开地面30分钟应停办乘机手续,否则航班就会延误。

3. 为什么旅客误机时要将其行李卸下后飞机才能起飞?

根据中国民用航空公司的有关规定,当旅客购买了机票后,旅客就和某一航空公司承运人产生了一种契约关系。承运人有责任而且应该将旅客运送到目的地,包括旅客所托运的行李。如果在航空运输期间,旅客所交运的行李发生毁灭、遗失或损坏,则承运人应承担相应的责任。因此,当发生旅客出于某种原因而误机时,为了对旅客负责,航空公司须将该旅客所交运的行李从飞机上卸下,才能让飞机起飞,以免发生旅客在甲地而行李在乙地,从而给旅客的工作、生活带来不便的情况。

同时,将误机乘客的行李卸下也是保证航空运输安全的一种措施。国外曾发生过旅客将危险物品交运后,故意误机而引起航空运输事故的事件。所以,从飞机上卸下误机旅客的行李,也是为了保证广大旅客的安全。

练习题

1. 旅客座椅有哪些主要部件?列举5个。
2. 旅客服务组件有哪些主要附件?列举5个。

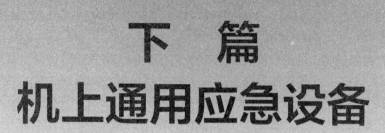

下 篇
机上通用应急设备

  应急设备是指飞机在紧急情况下，为了避灾、逃生和救护，供机上人员使用的设备的总称，主要包括应急供氧设备、灭火设备、应急医疗设备和紧急撤离设备等。应急设备是防止事故不断升级恶化,高效处理事故,化险为夷，避免或减少人员伤亡以及挽救经济损失的重要保障。学习通用应急设备的使用方法，有助于提高应急处置能力，保障客舱安全。

第八章 应急供氧设备

现代民航运输机的巡航高度可达 10 000 米左右，空气非常稀薄，氧气含量只有地面的 1/4，如果人体直接暴露在外界高空低压、缺氧环境下，将出现头晕、疲劳、视力减退、智力障碍等缺氧症状，严重者甚至意识丧失，直至死亡。因此，现代民用运输机都采用了气密座舱和增压系统使机内气压适宜，从而确保机组人员和旅客的舒适与安全。正常增压飞行过程中，座舱高度为 2 400 米左右，人体在没有额外供氧条件下能够生存的安全高度是 3 000 米，因此机上人员无须额外供氧；但当客舱释压时，必须有应急供氧设备及时提供氧气才能保障全体人员的安全。

第一节 客舱释压与供氧

一、客舱释压

客舱释压是指由于机体破损或者增压系统故障，导致客舱压力损失而无法维持在安全水平。按照客舱压力损失的速度客舱释压可以分为缓慢释压和快速释压两类。

（一）缓慢释压

缓慢释压是指客舱压力逐渐损失，常见于增压系统失灵或机体结构失密，如舱门或窗口密封泄露。缓慢释压常见的征兆如下。

（1）失密处发出漏气的尖响声。

（2）轻细物体吸向失密处。

（3）失密处（如舱门和窗口）有外部的光线射入。

（4）机上乘员出现高空缺氧症和高空低气压引起的症状。

（5）氧气面罩脱落。

（6）紧急用氧广播开始。

（7）失密警告灯、"系好安全带"和"禁止吸烟"等工作指示灯亮起。

（二）快速释压

快速释压是指客舱压力急剧损失，常见于增压系统失灵或机体结构严重受损，如密封金属破裂、炸弹爆炸或武器射击引起，也称为爆炸性释压。快速释压常见的征兆如下。

（1）飞机结构突然损坏，并出现强烈震动、巨大声响。

（2）物体在客舱内飘飞，人和物体甚至被吸向破损处。

（3）冷空气涌入客舱，客舱温度骤降，有气流声和薄雾。

（4）机上人员出现高空缺氧症和高空低气压引起的症状。

（5）飞机做大角度紧急下降。

（6）氧气面罩脱落。

（7）紧急用氧广播开始。

（8）失密警告灯、"系好安全带"和"禁止吸烟"等工作指示灯亮起。

高空缺氧症是指人们暴露于高空低气压环境中，吸入气体的氧分压降低，导致机体组织和器官的氧含量减少而引起的一系列生理及病理反应。高空缺氧症的危险在于其具有极大的隐蔽性，甚至人们在发生缺氧时还自我感觉良好。因此，为了预防高空缺氧，必须掌握缺氧征兆，时刻保持警惕。另外，缺氧征兆具有特异性，不同的人出现的缺氧症状不一样，症状出现的先后顺序也不固定。对于身体素质较差的人，出现的缺氧症状更强烈。

有效意识时间（TUC）是指在特定高度上释压和缺氧后，可供进行合理的活命决策和实施措施的最大时间限度。有效意识时间与飞行高度、身体状况以及是否进行身体活动都有关系，高度越高、身体素质越差、活动量越大，有效意识时间越短。现将不同飞行高度对应的缺氧症状和有效意识时间总结如表 8-1 所示。

表 8-1　不同飞行高度对应的缺氧症状和有效意识时间

飞 行 高 度	缺 氧 症 状	有效意识时间
海平面	正常	—
3 000 米	头痛、疲劳	—
4 200 米	发困、头痛、视力减退	—
5 500 米	除了上述症状外，记忆力减退	20 ～ 30 分钟
6 700 米	惊厥、虚脱、昏迷、休克	5 ～ 10 分钟
7 600 米	昏迷、虚脱	3 ～ 5 分钟
9 000 米	昏迷、虚脱	1 ～ 2 分钟
10 000 米	昏迷、虚脱	30 秒
12 000 米	昏迷、虚脱	15 秒

高空低气压对人体会造成物理性影响，包括高空减压病、高空胃肠胀气和中耳气压性损伤。三种病症的症状和特点如表 8-2 所示。

表 8-2　高空低气压导致的病症

病　症	症　状	特　点
高空减压病	关节及其周围组织疼痛 皮肤瘙痒、刺痛和蚁走感 咳嗽、胸痛、植物神经障碍	一般阈限高度为 8 000 米
高空胃肠胀气	腹胀、腹痛，极端情况下晕厥	没有明确阈限高度，一般为 5 000～6 000 米
中耳气压性损伤	耳内不适、胀痛、听力下降 眩晕、恶心呕吐、休克	多发生在 4 000 米以下， 下降过程中

上述释压征兆并不一定同时出现，其中某一个征兆一旦出现，就可以判断为客舱释压，如氧气面罩脱落。因此，机上人员可以根据上述征兆判断客舱释压的紧急程度，从而采取相应的处理措施。快速释压最为危险，有效意识时间会缩短一半，如果在巡航高度 10 000 米时发生客舱快速释压，有效意识时间将只有 15 秒左右。因此，机组人员在保证自身安全的情况下，应以最快的方法通知并指导旅客紧急用氧。

二、应急供氧设备

应急供氧设备是专为机组、乘务组和旅客在紧急情况下使用，如客舱急剧释压、应急下降、座舱气压高度在 3 000 米以上的高原机场，有丧失能力或危重病人。机组、乘务组成员和旅客不得任意使用氧气。

应急供氧设备分为驾驶舱供氧设备、旅客供氧设备和便携式供氧设备三种，如图 8-1 所示。

（a）驾驶舱供氧设备　　　　（b）旅客供氧设备　　　　（c）便携式供氧设备

图 8-1　应急供氧设备

（一）驾驶舱供氧设备

驾驶舱供氧设备是为驾驶舱内的飞行员和观察员供氧，通常采用高压氧气瓶供氧，其优点是储氧量大、供氧时间长，并且可以重复使用。

（二）旅客供氧设备

旅客供氧设备是为客舱内所有旅客和乘务员供氧，通常采用化学氧气发生器供氧，其优点是供氧安全可靠，并且系统质量小，只有少数飞机采用氧气瓶供氧。

（三）便携式供氧设备

便携式供氧设备是为机组和旅客移动过程中供氧，通常由手提式氧气瓶或化学氧气发生器提供氧气，主要用于医疗急救或其他紧急情况。

第二节　氧气面罩的供氧与使用

一、氧气面罩

氧气面罩是在客舱释压等紧急情况下供机组和旅客吸氧的工具，是机上应急供氧设备的重要组成部分。第一节中介绍的三种应急供氧设备的氧气面罩在供氧方式、存储位置、使用方法、注意事项等方面不尽相同。

二、使用方法

（一）驾驶舱供氧设备

1. 供氧方式

驾驶舱供氧设备一般采用存储在电子舱内的高压氧气瓶供氧，供氧时间长达 1 小时以上，并且可以重复使用。

2. 存储位置

氧气面罩存储于机组人员座位外侧，一般有三四个，供正驾驶、副驾驶和观察员在紧急情况下快速使用，如图 8-2 所示。

（a）存储位置

（b）供氧调节器

图 8-2　驾驶舱供氧设备

3. 使用方法

（1）捏住面罩两侧的红色手柄将其取出。

（2）继续捏住红色手柄，面罩头带张开，将其戴在头上。

（3）松开红色手柄，面罩头带收缩，调整使面罩紧贴口鼻处。

（4）正常呼吸，可调节氧气流量。

机组氧气面罩如图 8-3 所示。

4. 注意事项

（1）驾驶舱氧气面罩为快速穿戴型，不能自动打开；无须供氧时捏住红色手柄取下氧气面罩，可以重复使用。

（2）驾驶舱供氧设备有稀释供氧、100% 供氧和应急供氧三种方式，通过调节器前部的"N / 100% 供氧开关"和"应急供氧 / 测试旋钮"控制开关进行选择，如图 8-2（b）所示。前两种方式属于断续供氧，只有使用者呼吸才提供氧气，用于客舱缓慢释压；第三种属于连续供氧，用于客舱快速释压。

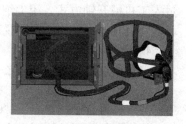

图 8-3　机组氧气面罩

（3）100% 供氧和应急供氧由于供气不含座舱空气，还可用于灭火时保护性供氧；稀释供氧方式不可以。

（4）氧气面罩内有麦克风，可正常通话。

（二）旅客供氧设备

1. 供氧方式

旅客供氧设备常采用化学氧气发生器提供氧气，为连续供氧，一旦触发就不能中断，供氧时间通常只有 12 分钟左右。旅客供氧设备如图 8-4 所示。

2. 存储位置

旅客供氧设备由多个独立化学氧气组件构成，分别存储于客舱旅客座椅上方、盥洗室天花板及乘务员座席上方的氧气面罩储藏室内。每排旅客座椅上方有 6 ～ 8 个氧气面罩，盥洗室内有 2 个氧气面罩，乘务员工作位有 2 ～ 6 个氧气面罩（因机型而异）。旅客氧气面罩如图 8-5 所示。

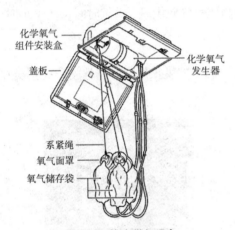

图 8-4　旅客供氧设备

图 8-5　旅客氧气面罩

3. 脱落方式

旅客氧气面罩的脱落方式有三种，分别为自动方式、电动方式和人工方式。

（1）自动方式。正常情况下，驾驶舱顶板上氧气控制面板的旅客氧气电门置于"AUTO"位，如图 8-6 所示，当客舱释压座舱高度达到 4 200 米时，旅客供氧设备将自动开启，旅客氧气面罩存放箱盖板将全部自动打开，氧气面罩即脱落。

（2）电动方式。当自动方式失效时，可以通过将驾驶舱顶板上氧气控制面板的旅客氧气电门置于"ON"位（见图 8-6）来电控开启，客舱内旅客氧气面罩存放箱盖板将全部打开，氧气面罩即脱落。

（3）人工方式。当自动方式和电动方式均无法打开旅客氧气面罩存放箱盖板时，可以通过人工机械开锁方式，用尖细的物品，如笔尖、别针、发夹等，插入氧气面罩存放箱盖板的小孔将其打开，氧气面罩即脱落。

4. 使用方法

（1）通过上述三种方式之一使氧气面罩脱落。

（2）用力拉下氧气面罩，将面罩罩在口鼻处，并将松紧带戴在头上。

（3）调整带子松紧，正常呼吸。

旅客氧气面罩的使用方法如图 8-7 所示。

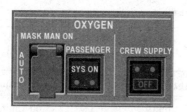

图 8-6　旅客氧气电门

图 8-7　旅客氧气面罩的使用方法

5. 注意事项

（1）下拉氧气面罩才能触发化学氧气发生器工作，并且该氧气面罩存储箱中的所有氧气面罩都开始供氧，一旦触发就不能中断。

（2）化学氧气发生器工作中不能用手触碰，以免烫伤。

（3）旅客供氧设备采用稀释供氧方式，不能当防烟面罩使用。

（4）开始供氧后，禁止吸烟。

（5）不要将使用过后的氧气面罩放回存储箱中。

（三）便携式供氧设备

1. 供氧方式

便携式供氧设备主要由手提式高压氧气瓶供氧，其基本结构如图 8-8 所示。氧气瓶的容量通常有 311 L、310 L 和 120 L 三种，使用氧气瓶头部的高 / 低流量出口向氧气面罩内输送氧气，使用时间各不相同，汇总如表 8-3 所示。

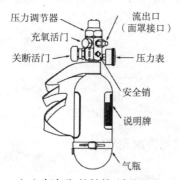

（a）氧气瓶的结构（侧视图）

（b）氧气瓶的外观（侧视图）

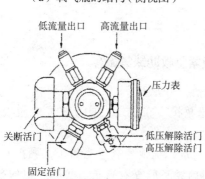

（c）氧气瓶的结构（俯视图）

（d）氧气瓶的外观（俯视图）

图 8-8　手提式氧气瓶

表 8-3　氧气瓶供氧时间表

氧气瓶容量 流量出口	311 L / 310 L	120 L
高流量出口（4 L / min）	77（min）	30（min）
低流量出口（2 L / min）	155（min）	60（min）

2. 存储位置

手提式氧气瓶通常存放于驾驶舱内、客舱存放应急设备的行李架上以及头等舱或后舱最后一排座椅后面的储藏柜内。

3. 使用方法

（1）取出手提式氧气瓶。

（2）根据需要选择一个流量接头并打开防尘帽。

（3）打开一个防尘罩，取出氧气面罩并插上上述流量接头。

（4）逆时针旋转关断活门至全开位置，开始供氧。

（5）检查氧气袋是否充满气。

（6）将氧气面罩罩在口鼻处，正常呼吸。

4. 注意事项

（1）飞行前检查以下几项。

① 关断活门处于关闭的位置，铁丝铅封完好。

② 压力指针指示在规定区域内（红色区域或 12.41 MPa），如果压力指针低于规定值，应立即通知机务人员，由机务人员根据维修手册标准决定是否更换氧气瓶。

③ 配套使用的氧气面罩包装完好并系在瓶身上。

④ 两个流量接头有防尘帽。

（2）用氧时要小心，避免瓶体碰撞。

（3）用氧时周围 4 m 不能有明火。

（4）避免氧气接触油脂（如浓重的口红、面霜）和洗涤剂。

（5）当氧气压力低于 3.45 MPa 时应停止使用，以便再次充气。

（6）肺气肿患者使用低流量出口。

（7）使用后填写客舱故障记录本。

📖 案例资料

中联航河北分公司乘务组员紧急救助缺氧旅客

2013 年 4 月 9 日，中国联合航空有限公司（简称"中联航"）河北分公司执飞的 KN2950 齐齐哈尔—北京南苑航班上，上演了一幕高空紧急救援。在机组人员与旅客的同心协力下，一名患有肺病的儿童旅客转危为安。

在飞机平飞后不久，一位男性旅客急匆匆走到前舱，说他的孩子生病了，现在状态不好，能不能吸氧。乘务长赵云芬快速和这位男性旅客回到经济舱查看孩子的状况。他的孩子面色苍白、满头大汗，并且一直在机械性地摇头，看似感觉胸闷气短。经询问，原来该名儿童患有肺炎，此次来北京是为了看病，也未曾携带药品。由于航班起飞不久，情况危急，一场紧张的空中抢救随即展开。

　　乘务长赵云芬在了解旅客病情后，立即把患者及其家属调到头等舱座位上，并打开通风孔，解开患者的衣领使其放松，随即通知乘务员广播寻找医生。同时，乘务长第一时间采用机上应急氧气瓶，开始为患者紧急供氧。幸运的是，当日正好有一名来自齐齐哈尔的医护人员乘坐该航班。在获得机组验证许可后，医生随即对患者进行急救。在保证整个客舱安全、有序服务的前提下，乘务长赵云芬快速对各号位乘务员进行了重新分工，乘务长赵云芬与4号乘务员钱韦彤一起全程协助医生进行急救，其他乘务员各司其职。经过短暂的治疗，患儿病症逐渐减轻，脉搏恢复到正常范围内。经过家属同意后，机长果断与地面联系救护车，待飞机落地后及时把患儿送往了医院。最终，因为乘务组积极、有序的处置，该名儿童旅客的身体安危得以确保。

【点评分析】

　　1. 河北分公司乘务组有着严格、快速的应急反应机制，遇到紧急事件临危不乱，能够有条不紊地安排急救工作。

　　2. 乘务长赵云芬及时通过询问掌握患者病情，立即采取一系列急救措施，包括升高舱位、安排通风、紧急供氧和寻找医生，随后安排乘务员协助医生进行急救。她判断准确、处理果断，挽救了患者的生命。

　　3. 乘务员的职责不仅是做好机上服务，还要保障航班旅客的安全，因此要具有紧急事件的处理能力。

知识链接

释压的处置

1. 驾驶舱机组人员对释压的直接处置程序

（1）戴上氧气面罩。

（2）把飞行高度迅速地下降到大约 3 000 米的高度。

（3）打开"禁止吸烟"和"系好安全带"信号灯。

2. 客舱乘务员对释压的直接处置程序

（1）客舱乘务员戴上就近的氧气面罩。

（2）迅速坐在就近的座位上，系好安全带。如果没有空座位，则蹲在客舱地板上，抓住就近的结实机构固定住自己。

（3）指示乘客戴上氧气面罩。

（4）有些乘客难以戴上氧气面罩，则：

①指示乘客摘下眼镜。

②指示已经戴上氧气面罩的成年人协助坐在他们旁边的儿童。

（5）在使用氧气系统期间，告知所有乘客禁止吸烟。

3. 到达安全高度后的客舱检查程序

飞行到达安全高度后，并且飞行机组已宣布可以安全走动，客舱乘务员应检查乘客和客舱。

（1）携带手提式氧气瓶。

（2）检查乘客用氧情况，首先对失去知觉的乘客和儿童进行急救护理，然后照顾其他乘客。

（3）对缺氧乘客提供手提式氧气瓶。

（4）如果在机身上有一个裂口的话，则重新安置乘客的座位，让他们离开危险的区域。

（5）检查厕所内有无乘客。

（6）检查机舱内有无火源。

（7）在客舱中走动，并让乘客消除疑虑。

（8）对受伤乘客或机组成员给予急救。

（9）如果可能的话，让乘客把用过的氧气面罩放入他们的座椅口袋内，不要把它们重新存放好或者试图把氧气面罩拉出乘客服务组件。

4. 处理客舱释压时应遵循的原则

（1）氧气面罩的佩戴顺序：先乘务员后成年人再未成年人乘客，也可同时进行。

（2）在释压状态未被解除之前，任何人都应停止活动。

（3）对有知觉的乘客提供氧气时，使其保持直立位，对没有知觉的乘客提供氧气时，使其采用仰靠位。

（4）由于氧气的供应，容易因意外明火引燃而发生火灾，因此应准备好灭火设备。

（5）是否需要紧急着陆或撤离，取决于飞机的状况和机长的决定。

（6）对于整个释压过程及乘客和客舱情况，乘务员要及时向机长通报。

资料来源：中国国际航空股份有限公司《客舱乘务员手册》

练习题

1. 什么是客舱释压？有什么征兆？

2. 机上应急供氧设备有几种？适用条件和对象是什么？

3. 驾驶舱氧气面罩是否可以作为防烟面罩？

4. 什么情况下客舱氧气面罩会自动脱落？

5. 客舱氧气面罩存储在什么位置？

6. 客舱氧气面罩如何使用？注意事项有哪些？

7. 手提式氧气瓶有几种规格？使用时注意事项有哪些？

8. 飞行前检查手提式氧气瓶的压力指针应指示什么区域？

9. 为肺气肿旅客吸氧应使用什么流量出口？

第九章　客舱灭火设备

现代民航运输机为旅客提供了舒适的出行环境，客舱内沙发、地毯、餐桌，厨房内烤箱等设备一应俱全，但这些设备大都是可燃物或高温热源，无形中增加了客舱火灾的隐患。此外，旅客携带的行李和衣物等可燃物也增加了客舱火灾的负荷。由于客舱空间相对狭小密闭，并且没有防火分隔，客舱火灾具有蔓延速度快、易爆炸、烟雾毒性大和扑救困难等特点。飞行中一旦发生客舱火灾，乘务员应立即拿起灭火设备，争分夺秒地实施灭火；如果没有及时发现和扑灭，后果将不堪设想。

第一节　客舱火灾与特征

根据引起火灾的原因不同，可以将客舱火灾大致分为以下四类。

A类：可燃烧的物质，如纸、布、木、织物、熟料、橡胶等类引起的火灾。

B类：易燃的液体，如汽油、煤油、油漆、润滑油、食用脂肪引起的火灾。

C类：电气设备，如电气/电子设备短路、漏电、超温等引起的火灾。

D类：易燃性金属物质，如镁、钛、钠等金属引起的火灾。

在飞行过程中，上述四类火灾均有可能发生，然而四种类型火灾的发生区域和灭火方法不尽相同，处理方法也要区别对待。乘务员可以根据火源、烟雾颜色、火势大小等火灾特征判断火灾的类型，采取相应的处理措施，才能有效地降低客舱火灾的危害，保证人机安全。

一、A类火灾

（一）发生区域

A类火灾多发生在驾驶舱、客舱衣帽间以及行李舱，例如，冬天人们穿戴的化纤衣物在高空静电作用下产生火花而燃烧。另外，卫生间内烟头处置不当引起的这类火灾也较多。

（二）灭火要领

（1）观察到灰色或褐色烟雾，较浓重。

（2）可选用水、卤代烃、干粉、惰性冷却气体灭火剂。

（3）根据盥洗室/衣帽间内是否有人、门板是否灼热等情况采取相应的灭火方法。

（4）移开未烧着的衣物。

（5）检查余火是否灭尽。

二、B 类火灾

（一）发生区域

B 类火灾多发生在厨房，例如，机上烤箱内食物加热时间过长或食物密封不牢，导致油脂溢出，高温状态下油渍烤煳产生大量烟雾并引燃。

（二）灭火要领

（1）观察到浓重的黑色烟雾，并伴有油的味道。

（2）第一时间切断厨房电源。

（3）烤炉着火可关闭烤炉门以消耗氧气而灭火。

（4）可选用卤代烃、干粉、惰性冷却气体灭火剂。

（5）不能用水灭火，可能导致火势蔓延。

（6）检查余火是否灭尽。

三、C 类火灾

（一）发生区域

C 类火灾的发生面极广，常见的是由于错误操作引起的电器火灾，例如，粗暴中断厨房电气设备工作、电器线路短路或过载引起的火灾等。

（二）灭火要领

（1）观察到微蓝色细微的烟雾，伴有酸性气味。

（2）第一时间切断电源。

（3）可选用卤代烃、惰性冷却气体灭火剂。

（4）不能用水灭火，因为可能导致人员触电。

（5）如果烧水杯失火，不能将水倒入过热的烧水杯内。

（6）检查余火是否灭尽。

四、D 类火灾

（一）发生区域

D 类火灾主要是由于上述三种基本类型的火灾引起某些金属在高温下氧化起火，例如，飞机的机轮和刹车装置的金属燃烧。

（二）灭火要领

（1）选用"氯化钠"干粉灭火剂进行灭火。

（2）不可用水或二氧化碳灭火，因为可能导致燃烧更加剧烈甚至爆炸。

据资料显示，客舱火灾发生的主要原因是旅客违反规定。其一，旅客携带或夹带易燃易爆物品。这类物品引起的火灾面积大、烟雾毒性大，严重危及人机安全，要根据引起火灾的可燃物选择相应的灭火设备。其二，盥洗室火灾。盥洗室火灾的主要原因，一方面是抽水马达自燃，另一方面是旅客违反规定吸烟并且乱丢弃烟头引起盥洗室废纸箱失火。盥洗室火灾需要使用海伦灭火瓶，采取开门灭火或门上凿洞方式灭火，灭火后注意用湿毛毯堵住门缝防止烟雾溢出。其三，厨房火灾发生概率也相对较大，多为乘务员错误操作厨房电气设备。因此，应规范使用厨房电气设备，减少发生火灾的隐患。

第二节 灭火设备

火灾发生的必要条件是同时具备可燃物、氧气和热源，三个条件缺一不可。因此可以通过破坏燃烧条件而终止燃烧，从而达到灭火的目的，如降低温度到燃点以下或隔绝氧气。常用的灭火剂有水、卤代烃、干粉、惰性冷却气体。灭火设备的形式有手提式灭火瓶和盥洗室灭火设备。

一、手提式灭火瓶

常用的手提式灭火瓶有水灭火瓶、海伦灭火瓶、干粉灭火瓶和二氧化碳灭火瓶，存储在驾驶舱和客舱内，如图 9-1 所示。

（a）驾驶舱内　　　　　（b）乘务员座席下方　　　　　（c）客舱行李架上

图 9-1　手提式灭火瓶

目前飞机客舱常配备的灭火瓶为手提式水灭火瓶和手提式海伦灭火瓶，常规配备数量如表 9-1 所示。

表 9-1　手提式灭火瓶的常规配备数量

座 位 数 / 个	灭火瓶数量 / 个
6 ～ 30	1
31 ～ 60	2
61 ～ 200	3
201 ～ 300	4
301 ～ 400	5

座 位 数 / 个	灭火瓶数量 / 个
401 ～ 500	6
501 ～ 600	7
601 或以上	8

（一）手提式水灭火瓶

1. 工作原理

手提式水灭火瓶内装有水和防冻剂的混合液，能够降低燃烧温度、隔绝空气，防止火势蔓延。

2. 适用范围

手提式水灭火瓶适用于 A 类火灾，不能用于 B、C、D 类火灾。

3. 结构

手提式水灭火瓶的结构包括喷嘴、触发器、手柄和铅封等，如图 9-2 所示。

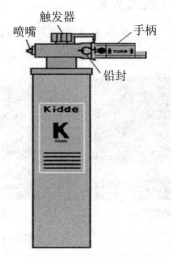

（a）手提式水灭火瓶的外形　　　　（b）手提式水灭火瓶的结构

图 9-2　手提式水灭火瓶

4. 使用方法

（1）取出水灭火瓶。

（2）顺时针方向转动手柄到底。

（3）垂直握住瓶体。

（4）将喷嘴对准火源底部边缘。

（5）按下触发器，平行移动瓶体。

5. 注意事项

（1）飞行前检查以下几项：

①手提式水灭火瓶固定在指定位置。

② 铅封处于完好状态，无坏损。

③ 日期在有效期内。

（2）瓶体不能横握或倒握。

（3）瓶内水已加入防冻剂和防锈剂，不能饮用。

（4）喷射距离为 2～3 米，喷射时间为 40 秒。

（5）不能用于电器、油类、可燃性液体或气体引起的火灾。

（二）手提式海伦灭火瓶

1. 工作原理

手提式海伦灭火瓶内装有卤代烃（氟利昂）灭火剂，它能够喷出惰性气体，从而隔绝空气，制止燃烧反应。飞机上使用的有 HALON 1301（溴氯三氟甲烷，BTM）和 HALON 1211（溴氯二氟甲烷，BCF）两种类型。

2. 适用范围

手提式海伦灭火瓶适用于 A、B、C、D 类火灾，尤其适用于 B、C 类火灾，对于 A 类火灾没有水灭火瓶效果好。

3. 结构

手提式海伦灭火瓶的结构包括喷嘴、触发器、压力表、环形安全销和手柄等，如图 9-3 所示。

（a）手提式海伦灭火瓶的外形

（b）手提式海伦灭火瓶的结构

图 9-3 手提式海伦灭火瓶

4. 使用方法

（1）取出海伦灭火瓶。

（2）快速拔下环形安全销。

（3）垂直握住瓶体。

（4）将喷嘴对准火源底部边缘。

（5）按下触发器，平行移动瓶体。

5. 注意事项

（1）飞行前检查以下几项：

① 手提式海伦灭火瓶固定在指定位置。

② 安全销穿过手柄和触发器的适当位置，并且铅封完好。

③ 压力指针指向绿色区域。

④ 日期在有效期内。

（2）瓶体不能横握或倒握。

（3）海伦灭火瓶喷出气化的惰性气体只能快速扑灭表层的火，应用水将失火区域浸透以焖灭余火（电器灭火禁用）。

（4）不能对人体喷射，以免窒息。

（5）喷射距离为 2～3 米，时间为 10 秒。

二、盥洗室灭火设备

盥洗室灭火设备固定在盥洗室的洗手盆下方，当盥洗室温度达到固定高度时，该灭火设备自动启动进行灭火。

（一）结构

盥洗室灭火设备由一个海伦灭火瓶和两个指向废纸箱的热敏感喷嘴组成，还有温度指示器或压力表，如图 9-4 所示。

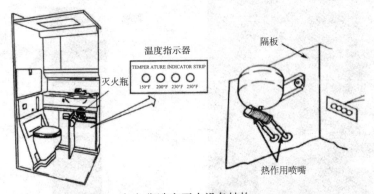

（a）盥洗室灭火设备结构

（b）盥洗室灭火设备实物

图 9-4　盥洗室灭火设备

（二）工作原理

通常情况下，图 9-4（a）中的上述温度指示器，并且两个喷嘴被密封剂封死；当废纸箱温度达到 77℃～79℃时，温度指示器变成黑色，喷嘴的密封剂熔化并自动向废纸箱喷射海伦灭火剂，持续时间 3～15 秒，当灭火剂释放完毕后，喷嘴尖端的颜色变为白色。

（三）注意事项

（1）该设备用于盥洗室废纸箱自动灭火，盥洗室其他区域失火只能用手提式灭火瓶进行灭火。

（2）飞行前检查：检查温度指示器为白色或者海伦灭火瓶压力表指针在绿色区域，否则应检查灭火扑灭情况并更换灭火设备。

第三节　火灾防护器具

客舱火灾时除了需要用灭火设备进行灭火之外，还要有相应的火灾防护器具保障机上人员的身体免受高温、烟雾和毒气等侵害。常用的机上火灾防护器具包括防烟面具、防烟眼镜、防火衣、应急斧以及防火手套等。

一、防烟面具

防烟面具也称为防护式呼吸面罩（PBE），是一种便携式供氧设备，适合机组人员在客舱封闭区域失火或有浓烟时使用，以保护眼睛和呼吸道免受烟雾及毒气侵害。防烟面具通常存放在座舱手提式灭火瓶旁边的盒子里或旅客行李架上。

（一）结构

防护式呼吸面罩的结构包括全面罩、送话器、松紧带、化学氧气发生器和触发拉绳等，如图 9-5 所示。

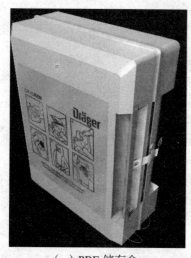

（a）PBE 储存盒

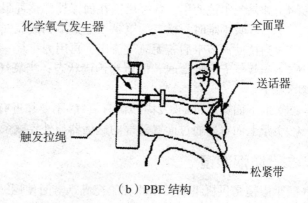

（b）PBE 结构

图 9-5　防护式呼吸面罩

（二）工作原理

防护式呼吸面罩（PBE）的氧气由其后部的化学氧气发生器提供。拉断触发拉绳后，化学氧气发生器启动，与使用者呼出的二氧化碳反应并产生氧气。供氧时间平均为 15 分钟，如果呼吸过快会有灰尘感和咸味，供氧时间相对减少。

（三）使用方法

（1）打开 PBE 储存盒，取出包装并撕去封条。

（2）取出 PBE 并展开。

（3）撑开颈部橡胶圈并从头部套下。

（4）调整面罩位置，系紧带子。

（5）拉断触发拉绳，正常呼吸，开始供氧。

（6）移动送话器使面罩与口鼻完全吻合。

PBE 的使用方法如图 9-6 所示。

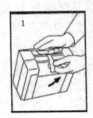

图 9-6　PBE 的使用方法

（四）注意事项

（1）飞行前检查以下几项：

① 确认防护式呼吸面罩固定在指定位置。

② 确认包装盒未被打开。

③ 捆扎带完整。

（2）在无烟区穿戴好。

（3）衣领不要卡在密封胶圈处，头发要全部放入面罩内。

（4）如果戴眼镜使用，戴好后需在面罩外部整理眼镜位置。

（5）当呼吸困难时，检查面罩是否穿戴不当或氧气是否用完。

（6）当拉动调节带后若无氧气流出，再用力重复一次，否则取下面罩。

（7）当氧气充满面罩时，面罩为饱满状态；当氧气用完后，面罩会出现内吸，应迅速到无烟区摘下。

（8）取下面罩后，因头发内残留有氧气，不要靠近有明火或火焰的地方，要充分抖散头发。

（9）戴上面罩后通过面罩前部的送话器与外界联系。

二、防烟眼镜

防烟眼镜是供机组成员在驾驶舱充满烟雾时使用，以保护眼睛不受伤害，继续飞行，常存储在驾驶员和观察员座位旁边。

防烟眼镜的使用方法如下。

（1）和氧气面罩一起戴在脸上，把橡胶带套在脑后并固定。

（2）调整眼镜和面罩，使眼镜的密封边紧贴在眼部和氧气面罩边缘。

防烟眼镜如图 9-7 所示。

图 9-7 防烟眼镜

三、防火衣

防火衣主要供灭火者在主货仓灭火时使用，防止灭火者四肢和躯干受火的侵害。注意进入火场前需将防火衣穿好，并完全扣好。防火衣如图 9-8 所示。

图 9-8 防火衣

四、应急斧

应急斧用于灭火时清理障碍物和劈凿舱壁等结构。应急斧手柄包裹橡胶材料，不导电，抗高压。应急斧存储在驾驶舱内。应急斧如图 9-9 所示。

图 9-9 应急斧

五、防火手套

防火手套供机组人员在驾驶舱失火时使用，或者供兼职消防员在主货仓失火时使用。防火手套为石棉材质，具有防火隔热作用，存储在驾驶舱内。防火手套如图9-10所示。

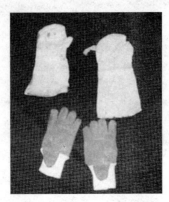

图9-10　防火手套

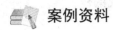 案例资料

飞机上为什么不许吸烟[①]

2011年12月11日，在天津航空南宁—武汉的GS6682航班上，一名旅客躲在厕所抽烟，被机组人员逮个正着。飞机安全抵达天河机场后，警察登机将男子带走。据调查，这名旅客烟瘾较大，登机前就动了心思，带了香烟和空火柴盒，又私自藏了一根火柴，逃过了机场安检。警方对这名旅客予以严厉教育，并罚款1000元。

【点评分析】

1. 现代民航运输机为封闭式客舱，吸烟会严重污染客舱环境。其一，影响客舱内设备的正常运行。其二，影响飞行操作。因为烟草燃烧的烟雾中含有尼古丁，它是一种植物碱兴奋剂，吸入后使飞行员的注意力和记忆力下降；同时烟雾中的一氧化碳含量非常高，导致飞行员缺氧，视力下降。其三，影响其他旅客的身体健康。

2. 飞机上吸烟可能导致火灾，后果严重。其一，飞行中飞机会有不同程度的颠簸，吸烟者稍有不慎，掉落的烟头可能引发火灾。其二，部分旅客在卫生间吸烟后，在垃圾桶内随意丢弃烟头，可能引燃垃圾桶内的废纸而引发火灾。

3. 目前绝大多数航空公司因为考虑到安全性都选择了禁烟，我国实行禁烟规定比较早，1983年，中国民航在国内航线旅客班机上实行禁止吸烟，1995年，各航空公司在所有的国际航线旅客航班上一律禁止吸烟。2007年，所有航班全面禁止电子香烟。

4. 既然飞行上不允许吸烟，为什么卫生间内设有烟灰缸呢？不少旅客对此存有疑问。卫生间内烟灰缸并非"默许"旅客吸烟，由于一些顽固旅客在卫生间吸烟，乘务员发现后可以将熄灭的烟头放进烟灰缸，同时如果因吸烟导致严重后果，这也方便相关人员保存、提取DNA证据。

[①]　飞机卫生间男子在吸烟.（2012-12-18）[2019-01-25]. roll.sohu.com/20121218/n360722347.shtml

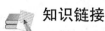 **知识链接**

洗手间失火的处理

据国际民航组织统计，80%的机上火灾都是因为乘客在洗手间吸烟并将烟头随意丢掉引起的。如果洗手间烟雾探测器发出警告声，表明洗手间存在烟雾或起火的现象。这时应做出以下处置，检查一下洗手间内是否有人，或用手背感觉门的温度。

1. 如果有人在用洗手间

试着与洗手间内的人联系。如果是香烟的烟雾造成烟雾探测器发出声音，则让旅客熄灭香烟，开门让烟雾从洗手间内清除掉，则报警声音消除。应向吸烟者明确地指出其行为不当，并且通知机长。

2. 如果门是凉的

（1）取出就近的海伦灭火瓶。

（2）小心地打开洗手间的门，观察火的位置。

（3）为了压住火焰，可以使用潮湿的毛毯，或用海伦灭火瓶对准火源的底部灭火。

（4）当灭火成功后，通知机长。

（5）将灭火后的洗手间锁好。

3. 如果门是热的

（1）保持门的关闭状态。

（2）取出灭火瓶和斧头。

（3）用斧头在门上方凿个洞。

（4）将灭火剂从洞口喷入，直至喷完。

（5）集中其他灭火瓶喷射，直至火被扑灭。

（6）当灭火成功后，通知机长，并锁住洗手间。

4. 洗手间灭火的要点

（1）洗手间失火最好使用海伦灭火瓶。

（2）门上的洞口与喷嘴大小相同，喷完后封住洞口。

（3）打开洗手间门时要小心，防止氧气突然进入而加重火情。

（4）当烟雾从门四周溢出时，应用毛毯堵住。

练习题

1．客舱火灾的类型有哪些？分别有什么特征？灭火要点如何？

2．手提式水灭火瓶适用于哪类火灾？不能用于哪类火灾？

3．手提式海伦灭火瓶适用于哪类火灾？

4．如何使用手提式水灭火瓶？有哪些注意事项？

5．如何使用手提式海伦灭火瓶？有哪些注意事项？

6．盥洗室灭火设备什么情况下会启动？

7．常用的防护护具有哪些？如何使用？

8．防烟面罩使用时的注意事项有哪些？

第十章　机上应急医疗设备

根据《大型飞机公共航空运输承运人运行合格审定规则》（CCAR-121-R5）规定，现代民航运输机上都配有应急医疗箱、急救箱和卫生防疫包。应急医疗箱用于对旅客或者机组人员意外受伤或者医学急症的应急医疗处理，急救箱用于对旅客或者机组人员受伤进行的止血、包扎、固定等应急处理，卫生防疫包用于清除客舱内的血液、尿液、呕吐物和排泄物等潜在传染源。应急医疗箱、急救箱和卫生防疫包存放在机组人员易于取用的位置，并且能够防尘、防潮、防不良温度伤害。

第一节　机上应急医疗箱

一、机上应急医疗箱的组成

机上应急医疗箱的外形如图 10-1 所示，箱内至少配备的医疗用品和物品如表 10-1 所示。

（a）机上应急医疗箱的外形

（b）机上应急医疗箱的内部物品

图 10-1　机上应急医疗箱

表 10-1　机上应急医疗箱医疗用品清单

序　号	项　目	数　量
1	血压计	1个
2	听诊器	1副
3	口咽气道（大、中、小）	各1个

续表

序　号	项　　目	数　　量
4	静脉止血带	1 根
5	脐带夹	1 个
6	医用橡胶手套	2 副
7	医用口罩	2 个
8	体温计（非水银式）	1 支
9	注射器（2 ml、5 ml）	各 2 支
10	皮肤消毒剂	4 片
11	0.9% 氯化钠	至少 250 ml
12	1 : 1 000 肾上腺单次用量安瓿	2 支
13	盐酸苯海拉明注射液	2 支
14	硝酸甘油片	10 片
15	醋酸基水杨酸（阿司匹林）口服片	30 片
16	消毒棉签	40 支
17	箱内医疗用品清单和药物使用说明	1 份

二、机上应急医疗箱的使用

使用机上应急医疗箱的注意事项如下。

（1）每架飞机在载客飞行时至少配备一个应急医疗箱以及相关医疗用品和物品。

（2）应急医疗箱用于旅客或机组人员有急重伤病的应急医疗处理。

（3）持有行医证明的医生可以使用应急医疗箱的物品，特殊情况下机长有权打开并使用相关物品。

（4）使用应急医疗箱后，需填写一式三份的使用记录，并由机长、使用医生和乘务长签字，一份使用医生保管，一份乘务长保管，一份下机后上交有关部门。

第二节　机上急救箱

一、机上急救箱的组成

急救箱的外形如图 10-2 所示，箱内至少配备的医疗用品如表 10-2 所示。

（a）机上急救箱的外形　　　　（b）机上急救箱的内部物品

图 10-2　机上急救箱

表 10-2　机上急救箱医疗用品清单

序　号	项　目	数　量
1	绷带（5 列）	5 卷
2	绷带（3 列）	4 卷
3	消毒棉签	20 支
4	敷料（10 cm×10 cm）	8 块
5	三角巾	5 条
6	止血带	1 条
7	外用烧伤药膏	3 支
8	手臂夹板	1 副
9	腿部夹板	1 副
10	胶布：1 cm、2 cm	各 1 卷
11	剪刀	1 把
12	橡胶手套或者防渗透手套	1 副
13	单向活瓣嘴对嘴复苏面罩	1 个
14	急救指导	1 份
15	事件记录或机上应急事件报告单	1 本

二、机上急救箱的使用

使用机上急救箱的注意事项如下。

（1）每架飞机在载客飞行时至少配备的急救箱数量如表 10-3 所示，并均匀地放在飞机客舱前后指定位置。

表 10-3 机上急救箱数量清单

乘客座位数量	机上急救箱数量
100 以下（含 100）	1
101～200	2
201～300	3
301～400	4
401～500	5
500 以上	6

（2）急救箱用于旅客或者机组人员受伤时止血、包扎、固定等应急处理。

（3）经过急救训练的乘务人员、在场的医务人员或经过专门训练的人员均可打开并使用箱内物品。

（4）使用急救箱后，需填写一式两份的使用记录，并由机长和乘务长签字，一份由使用人存留，另一份留在箱内，下机后上交有关部门。

第三节 机上卫生防疫包

一、机上卫生防疫包的组成

机上卫生防疫包的外形如图 10-3 所示，包内至少配备的医疗用品如表 10-4 所示。

（a）机上卫生防疫包的外形　　（b）机上卫生防疫包的内部物品示例

图 10-3 机上卫生防疫包

表 10-4 机上卫生防疫包内置物品清单

序 号	项 目	数 量
1	液体、排泄物消毒凝固剂	100 克
2	表面清理消毒杀菌剂	30～50 克
3	皮肤消毒擦拭纸巾	10 块

序　号	项　目	数　量
4	医用口罩和眼罩	各 1 副
5	医用橡胶手套	2 副
6	防渗透橡胶（塑料）围裙	1 条
7	大块吸水纸（毛）巾	2 块
8	便携拾物铲	1 套
9	生物有害物专业垃圾袋	1 套
10	物品清单和使用说明	1 份
11	事件记录或机上应急事件报告单	1 本

二、机上卫生防疫包的使用

使用机上卫生防疫包的注意事项如下。

（1）每架飞机在载客飞行中卫生防疫包不少于每 100 个旅客座位 1 个（100 座以内配 1 个，B737-800 配有 2 个），存放在前舱指定位置。

（2）卫生防疫包用于清洁、消除客舱内具有潜在可传染性的血液、尿液、呕吐液等时使用，并在护理可疑传染病病人时提供个人护理。

（3）经过消毒隔离知识、消毒器械操作的培训的乘务员和具有相应专业资质的人员方可使用卫生防疫包，避免二次感染；着陆后交由地面卫生防疫部门处置消毒防疫工作。

（4）填写"机上应急医疗事件报告单"，报相关部门处理。

案例资料

男孩航班上发病，中外医生联合急救

北京时间 2017 年 12 月 14 日 9 点左右，南航 CZ326 航班从悉尼机场起飞前往广州。两小时二十分钟后，上舱三区乘务员给前舱打来电话表示，有一对澳大利亚籍夫妻旅客在客舱求救说，他们的孩子服用自己携带的坚果后可能出现过敏反应，呼吸困难。主任乘务长勾蕾得到信息后立即启动机上应急救护程序，第一时间通过广播寻找医生。这时，一位中国籍医生旅客和一位美籍亚裔医生旅客迅速联系乘务员。经过医生对孩子父母的询问和认真的诊断，医生觉得这名儿童是哮喘症加上坚果过敏反应引起全身过敏及呼吸道过敏，乘务组拿来应急医疗箱取出肾上腺素并做好所有记录和填写所有所需单据，然后询问客舱的其他乘客有无帮助缓解的药物为患儿进行救治后，儿童转危为安。

【点评分析】

1. 南方航空公司的乘务长反应迅速，遇到旅客发病情况果断采取紧急救护，可见其业务非常熟练。

2．乘务组在第一时间寻求医护人员旅客帮助，协助医生旅客使用应急医疗箱中的药物和旅客携带的药物共同展开急救，挽救了男孩的生命。

3．乘务组在紧急时刻不忘做好应急医疗箱使用记录和填写所有单据，可见其临危不乱，具有较强的紧急事件处理能力。

4．机上协助施救的医生旅客在危难关头伸出援助之手，其精神值得称赞。

知识链接

应急医疗箱药物使用说明书

1．阿司匹林片

阿司匹林片用于轻、中度疼痛及发热抗风湿。有消化道出血、血友病或血小板减少症及阿司匹林过敏者禁用。用法：必要时，一次1～2片，一日1～3次。

2．硝酸甘油

硝酸甘油用于冠心病及心绞痛的治疗及预防，也可用于降低血压或充血性心力衰竭。青光眼患者禁用。用法：一次0.25～0.5 mg，舌下含服，每5分钟可重复1片，直至疼痛缓解。如果15分钟内总量达3片后疼痛持续存在，应立即就医。在活动或大便之前5～10分钟预防性使用，可避免诱发心绞痛。

3．酸肾上腺素

酸肾上腺素用于心脏骤停的抢救和过敏性休克的抢救，也可用于其他过敏性疾病（如支气管哮喘、荨麻疹）的治疗。用法：皮下或肌内注射。成人：0.5～1.0 mg／次，儿童：每次0.02～0.03 mg／kg，必要时1～2小时后重复。静脉或心内注射：0.5～1.0 mg／次，以生理盐水稀释10倍后注射。

4．盐酸苯海拉明

盐酸苯海拉明用于各种过敏性疾病及晕船、晕车等。用法：深部肌内注射，一次20 mg，一日1～2次。

5．0.9%氯化钠

0.9%氯化钠用于冲洗伤口及输液等。用法：由医生依需要而定。

6．口咽器

口咽器用于急救时保持呼吸道通畅。

7．酒精片

酒精片外用于局部消毒。

资料来源：中国南方航空内部培训资料

练习题

1．机上应急医疗设备有哪些？分别适用于什么情况？

2．根据运行规范，B737-800型飞机载客人数167人应配备多少个急救箱、多少个卫生防疫包？

3．列举五种应急医疗箱内的药品。

4．列举五种急救箱内的物品。

5．使用应急医疗箱后，如何做使用记录？

第十一章 紧急撤离设备与逃生

　　紧急撤离是指飞机运行时出现严重紧急情况，如飞机失火、机械故障、燃油泄漏等，需要紧急着陆或迫降时采取的使乘客快速撤离飞机的行为。根据紧急撤离的地点，可以分为陆上撤离和水上撤离；根据是否有准备撤离的时间，可以分为有准备的紧急撤离和无准备的紧急撤离。我国民航局规定，每一飞行机组和乘务组都有紧急撤离的预案和操作程序，一旦发生危险，应熟练运用紧急撤离设备，按照程序迅速组织旅客撤离飞机以确保生命安全。

第一节 紧 急 出 口

　　紧急出口包括地板高度出口和非地板高度出口。

一、地板高度出口

　　地板高度出口是指登机门和服务门，通常装有单通道救生滑梯，也有可能是双通道滑梯或者44人救生艇，机翼位置的是双通道脱落机翼救生滑梯，根据飞机有效性的不同安装种类也不同，如图11-1所示。

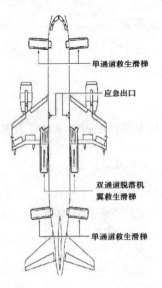

图 11-1　地板高度出口

陆地撤离时，确认滑梯充气状态完好，如果滑梯充气失效或漏气，只能当软梯使用。指挥旅客撤离应在 90 秒内完成。

水上撤离时，确认飞机在水面上停稳后，确保机外水位在机门以下，滑梯充气后将其机体脱离并翻过背面做救生筏使用，指挥旅客入水，爬到滑梯上并划到安全区域，使用求救设备求救。注意滑梯作为救生筏时只允许少量乘客（老、弱、妇、幼）乘坐。

二、非地板高度出口

非地板高度出口是指机翼上的应急窗，A320 装有机翼滑梯，如图 11-2 所示。机翼滑梯安装在机身侧面，是向飞机尾部展开的双通道滑梯，不能用作救生筏，只为机上人员紧急情况下陆上撤离使用。

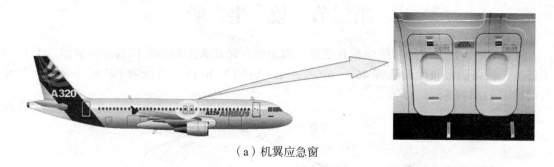

（a）机翼应急窗

（b）机翼滑梯

图 11-2　非地板高度出口

陆地撤离时，开启翼上出口舱门，将滑梯扔出机外，滑梯自动充气，时间约 3 秒；若自动充气失效，拉动每个应急出口窗框内的人工充气手柄。若滑梯损坏，需要人工将滑梯挂钩挂在机翼表面的圆环上，滑梯下角需要人押住形成软梯。陆地迫降遇有大风时，可将逃离绳挂在机翼表面的挂钩上，以便保护撤离旅客。

水上撤离时，开启翼上出口舱门，观察水面情况，将备用救生船推入水中，救生船充气后，组织旅客从翼上出口滑到水中。也可以将机翼门框上角的逃离绳挂到机翼表面的挂钩上，方便旅客撤离，如图 11-3 所示。

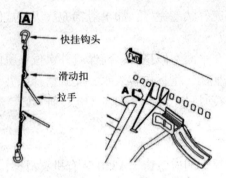

图 11-3　翼上逃离绳

第二节　救　生　船

　　救生船用于水上迫降时帮助旅客撤离。救生船存储在头等舱指定位置或应急出口上方行李架上，每条圆形救生船载客 46 ～ 69 人，充气时间为 30 秒，重量为 103 磅（46.7 千克），结构如图 11-4 所示。

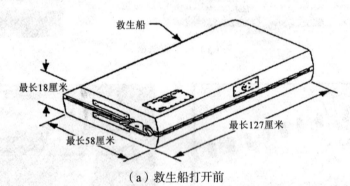

（a）救生船打开前

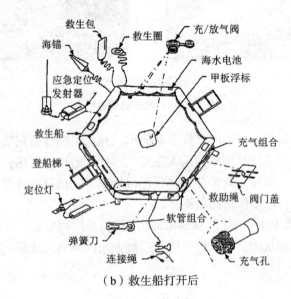

（b）救生船打开后

图 11-4　救生船

一、救生船的结构

救生船内的设备、用途和使用方法如下。

（1）救生包：救生包通过绳子系在船上，撤离时需将其拉入船内，用于迫降后救生。救生包内有救生船使用说明书。

（2）天棚：用于遮风挡雨，防寒避暑。

（3）天棚柱：用于支撑天棚，加大船内空间。

（4）海锚：用于固定救生船，提高船的稳定性。当船划到安全区后在上风侧抛锚。

（5）连接绳：用于连接其他的救生船。

（6）弹簧刀：用于割断与机体之间的连接绳。

（7）救助绳：用于救助落水者。将救助绳扔入水中，落水者可以抓住橡皮；救助者也可以将圈套在肩膀上，跳入水中施救。

（8）定位灯：遇水后自动发光，用于能见度低时识别救生船。

（9）内、外救助绳：用于船内人员或落水者扶助船体。

（10）登船梯：用于落水者攀登上船。

（11）海水电池：遇水后自动发生化学反应，用于定位灯供电。

（12）充气孔：用于给船体充气。

（13）应急定位发射器：用于发射求救信号，可在陆上或水上使用。

（14）手动打气泵：用于给救生船补气。将手泵旋进充气孔，用手向里压气。

二、救生船的使用方法

（1）从舱顶取出救生船，搬到机翼上或舱门处。

（2）打开救生船的盖布，取出 D 形环和短绳，如图 11-5 所示。

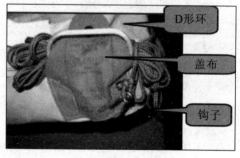

图 11-5　救生船

（3）将短绳的钩子钩住机翼表面的环或机门的手柄。

（4）抓住 D 形环，将救生船抛出远离飞机 4 米以外。

（5）待救生船浮出水面，拉动 D 形环进行人工充气，30 秒充气完毕。

（6）将充气完毕的救生船拉近机翼，组织旅客上船。

（7）待全员登船完毕后，用弹簧刀割断短绳，划离飞机。

三、注意事项

（1）搬运救生船时，不要触动 D 形环，避免救生船在舱内充气。

（2）救生船的充气时间为 10 秒（10 ～ 25 人）/30 秒（46 ～ 69 人）。

（3）船中央的救生包挂在船帮上，需将其拉入船内，救生包被多层真空包装，1 ～ 3 小时不易浸湿。

（4）救生船的地板上有很多英文字母、数码以及点状符号，每一项都代表着不同的求救信号。乘务员可以根据当时的情况，利用手电筒和反光镜向救助人发射信号，如三短三长三短，代表 SOS。

第三节　救　生　衣

救生衣用于水上迫降、紧急撤离时，机上人员水中漂浮时使用。救生衣存储在客舱内旅客座椅下方或扶手内。为便于区别，机组人员的救生衣为红色，旅客的为黄色，旅客救生衣又分为成人救生衣和儿童救生衣。

一、救生衣的结构

救生衣的结构包括定位灯、人工充气管、海水电池、人工充气手柄和腰带及卡扣等，如图 11-6 所示。

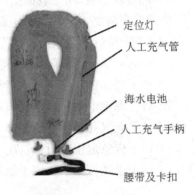

图 11-6　救生衣

（1）定位灯：用于夜间水上迫降时，便于救护人员寻找。入水后拔掉救生衣上的标志（Pull to Light），定位灯接通电源。

（2）海水电池：用于给定位灯供电。电池浸水后，几秒钟内定位灯自动发光，并可持续 8 ~ 10 小时。

（3）人工充气管：当自动充气失败或充气不足时，用嘴通过人工充气管向救生衣充气。

（4）人工充气手柄：用于救生衣充气。上船之前拉动人工充气手柄，救生衣中两个小型气瓶为救生衣充气。

（5）腰带及卡扣：用于固定救生衣。救生衣经头部穿戴好后，系紧腰带并插好卡扣。

二、救生衣的使用方法

1. 成人救生衣的使用

（1）取出救生衣，经头部穿戴好。

（2）将腰带卡扣系紧扣好。

（3）拔掉救生衣上的（Pull to Light）标志。

（4）拉动人工充气手柄。

（5）充气失败或不足时，拉动人工充气管，用嘴吹气。

2. 儿童救生衣的使用

（1）取出救生衣，由成年人协助穿戴好。

（2）将带子放在两腿之间并系紧扣好。

（3）拔掉救生衣上的（Pull to Light）标志。

（4）拉动人工充气手柄。

（5）充气失败或不足时，拉动人工充气管，用嘴吹气。

三、注意事项

（1）成年人穿好救生衣后，上船前充气。

（2）儿童离开座位时，将救生衣充气。

（3）不能自理及上肢残废的旅客，穿好后立即充气。

（4）如需放气，用手按住人工充气管的顶部即可。

（5）除非救生船已坏，否则不要尝试穿救生衣游泳。

第四节　救 生 包

救生包是为紧急撤离后的自救提供帮助的装备，存放在滑梯或救生船内。陆上紧急撤离后救命包悬挂在滑梯上，水上紧急撤离并到达安全区域后应将救生包从水中捞出。

一、救生包内的设备清单

救生包内一般包含以下设备，如表11-1所示。

表 11-1　救生包内的设备清单

序　号	设 备 名 称	数　　量
1	信号筒	2个
2	安全灯棒	4个
3	反光镜	1块
4	海水手电筒	2个
5	海水着色剂	1块
6	水桶、海绵	1个/块
7	修补夹具	2个
8	人工充气泵	1个
9	乘晕宁	1瓶（共100片）
10	水净化药片	一瓶（共50片）
11	消毒绷带包	1包
12	碘酒擦	1瓶
13	烧伤药膏	6支
14	眼药膏	4支
15	唇膏	—
16	蔗糖	2条
17	饮用水	2瓶（每瓶1 L）
18	哨子	1个
19	多功能刀具	1把
20	生存指南	1本

二、救生包内的设备使用方法

1. 信号筒

信号筒用于向外界发出求救信号,如图 11-7 所示。其具有两种工作方式,白天用橘黄色盖子平滑的一端,发射橘黄色烟雾;夜晚用红色盖子凸起的一端,发射红色烟雾。

图 11-7　信号筒

信号筒的使用方法如下。

（1）打开橘黄色或红色一端的外盖。

（2）拉动 D 形环开关,打开密封盖。

（3）站在下风侧并举过头顶。

（4）信号筒发烟或冒火。

使用信号筒时的注意事项如下。

（1）使用时最好戴上手套。

（2）放到船外使用。

（3）拉动 D 形环时要用力快速。

（4）与下风侧水平方向成 45° 角。

（5）一端用完后,用水蘸灭,另一端可以继续使用。

（6）单侧持续时间为 20 ～ 30 秒。

2. 安全灯棒

安全灯棒主要用于夜晚辨别方向或发射求救信号,如图 11-8 所示。

图 11-8　安全灯棒

安全灯棒的使用方法如下。

（1）取出安全棒。

（2）从中部弯折。

（3）用力摇晃。

（4）系在船外侧的绳子上或身上。

使用安全灯棒时的注意事项如下。

（1）弯折时不要折断。

（2）使用时间为 12 小时。

3. 反光镜

反光镜主要用于反射日光或月光,从而对地面及空中搜救设备发出求救信号,如图 11-9 所示。

反光镜的使用方法如下。

图 11-9　反光镜

（1）用镜子的反射光对准近处物体，然后用眼睛对准中央视孔寻找这个光点。

（2）调整镜子，慢慢移动光点，对准救援物体。

（3）使光点和救援物体重叠在视孔的中心。

（4）系在船外侧的绳子上或身上。

使用反光镜时的注意事项如下。

（1）在晴朗天空下使用。

（2）一般发射距离为 14 千米以上。

（3）近距离时不要向目标反射光源。

（4）使用时，将其挂在脖子上，以防掉落。

4. 海水手电筒

海水手电筒主要用于照明和发出求救信号，如图 11-10 所示。

图 11-10　海水手电筒

海水手电筒的使用方法如下。

（1）打开封盖。

（2）灌入海水或盐水。

（3）盖上封盖。

（4）手电筒发光。

使用海水手电筒时的注意事项：当光减弱时，可以继续灌入海水或盐水，继续使用。

5. 海水着色剂

海水着色剂主要用于将周围海水染成荧光绿色而发出求救信号，如图 11-11 所示。

图 11-11　海水着色剂

海水着色剂的使用方法如下。

（1）打开包装，将绳索套在手臂上，然后将燃料撒在船的周围。

（2）燃料在水中散发出荧光绿色。

（3）在静环境中，拨动海水来增大流速使燃料散开。

使用海水着色剂时的注意事项：在白天无风浪时，绿色的荧光燃料可在水中保持 2～3 小时。

6. 水桶、海绵

水桶用于存放淡水或舀出船内积水，海绵用于吸收船内的积水，如图 11-12 所示。

（a）水桶

（b）海绵

图 11-12　水桶、海绵

7. 修补夹具

修补夹具主要用于修补救生船、救生衣和水桶的破损，如图 11-13 所示。

修补夹具的使用方法如下。

（1）松开螺丝帽，分离夹子。

（2）将手穿入线绳上的布环内。

（3）将密封盖插入破损处。

（4）将另一个盖子盖在密封盖上。

（5）将螺丝帽拧紧。

使用修补夹具时的注意事项：拧紧螺丝帽前要拉紧线绳。

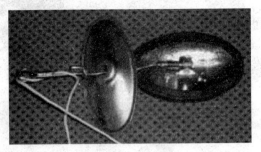

图 11-13　修补夹具

8. 人工充气泵

人工充气泵主要用于救生船气囊充气，如图 11-14 所示。

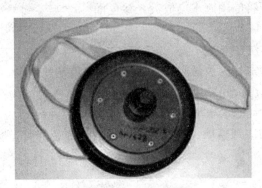

图 11-14　人工充气泵

人工充气泵的使用方法如下。

（1）打开救生船的充气/放气活门。

（2）将手泵拧入充气/放气活门。

（3）重复按压手泵的风箱，使救生船充气。

（4）将手泵从充气/放气活门移开。

（5）关闭充气/放气活门。

使用人工充气泵时的注意事项如下。

（1）使用时固定好人工充气泵的绳索，防止其脱落。

（2）充完气后确认充气/放气活门关闭完好。

9. 乘晕宁

乘晕宁是在海上晕船时服用，如图 11-15 所示。

乘晕宁的使用方法如下。

（1）成人每隔 4～6 小时服用 1～2 片（50～100 毫克），24 小时内不能超过 8 片。

（2）儿童（6～12 周岁）每隔 6～8 小时服用 0.25～0.5 片（12.5～25 毫克），24 小时内不超过 1.5 片。

使用乘晕宁时的注意事项：此药有副作用，最好在医生指导下服用。

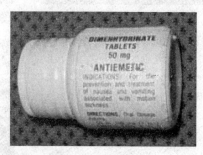

图 11-15　乘晕宁

10. 水净化药片

水净化药片用于净化淡水，如图 11-16 所示。

图 11-16　水净化药片

水净化药片的使用方法如下。

（1）正常情况下，净化 1 升淡水需放入 1 片药片，充分摇匀，10 分钟沉淀后方可饮用。

（2）如果水很凉或很脏的情况下，净化 1 升淡水需放入 2 片药片，充分摇匀，20 分钟沉淀后方可饮用。

使用水净化药片时的注意事项如下。

（1）水净化药片只能净化淡水，无脱盐功能，不能净化海水。

（2）水净化药片不可直接吞服。

（3）使用时注意淡水和药片的比例。

11. 消毒绷带包

消毒绷带包用于外伤包扎，包含三角巾、绷带、敷料、创可贴和防水胶布，如图 11-17 所示。

（a）三角巾

（b）绷带

（c）敷料

（d）创可贴

（e）防水胶布

图 11-17　消毒绷带包

12. 碘酒擦

碘酒擦用于外伤涂抹，如图 11-18 所示。

碘酒擦的使用方法如下。

（1）拔下纸套。

（2）挤捏瓶体。

（3）涂抹伤口。

图 11-18　碘酒擦

使用碘酒擦时的注意事项：此药仅限于外伤使用，不可涂抹于眼部。

13. 烧伤药膏

烧伤药膏用于烧伤、晒伤、擦伤和虫咬。

14. 眼药膏

眼药膏用于治疗眼部疾病、眼部疼痛或干涩。

15. 唇膏

唇膏用于防止因暴晒或缺水而导致唇部或其他部位干裂。

16. 蔗糖

蔗糖用于补充能量和滋润口腔。

17. 饮用水

饮用水是指可以饮用的淡水，以 2 瓶（每瓶 1 升）或分 8 袋软包装。注意：保存好，必要时才可使用。

18. 哨子

哨子用于集合和发出求救信号。

19. 多功能刀具

多功能刀具用于割断绳子。

20. 生存指南

生存指南是指幸存者救生手册，内有救生船及设备维护说明，野外生存的求生求救方法。
注意：生存指南用塑料纸印刷，浸水后不易腐烂。

第五节　应急定位发射器

应急定位发射器用于飞机遇险后，向外界发出求救信号。应急定位发射器分为自浮式双频定位发射器和便携式应急定位发射器。自浮式双频电台发射器的发射频率为民用 121.5 MHz 和军用 243 MHz 的调频无线电信号（国际民航组织遇险求救通用频率），持续时间为 48 小时，工作范围约 350 千米，结构包括天线、水溶性固定带、电池护盖、绳索、标牌等，如图 11-19 所示。

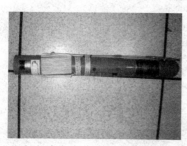

（a）应急定位发射器的外形

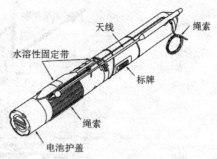

（b）应急定位发射器的结构

图 11-19　应急定位发射器

一、使用方法

1. 陆上使用

（1）取下应急定位发射器的套子或袋子。

（2）解开绳索，割断水溶带子，拔出天线。

（3）将套子或袋子装入一半含有电解质的水（矿泉水、咖啡、果汁或尿，不能装入油）。

（4）把应急定位发射器放入套内或袋内。

（5）应急定位发射器 5 分钟后自动开始发报。

陆上使用应急定位发射器如图 11-20 所示。

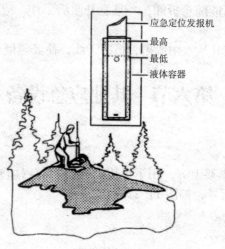

图 11-20　陆上使用应急定位发射器

2. 水上使用

（1）取下应急定位发射器的套子或袋子。

（2）将应急定位发射器末端的绳索系在救生船上，然后将其扔入水中，与救生船保持和绳索一样的长度。

（3）应急定位发射器天线自动竖起，5秒后自动开始发报。

水上使用应急定位发射器如图 11-21 所示。

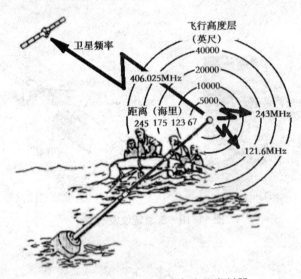

图 11-21 水上使用应急定位发射器

二、使用注意事项

（1）应急定位发射器在海水中 5 秒后即可发报，在淡水中要 5 分钟后才能发报。

（2）陆上使用时，应急定位发射器应放在较高的位置，周围不能有障碍物，并且不能横放或倒放。

（3）每次只能使用一个应急定位发射器。

（4）应急定位发射器不能随意拆卸，一旦意外激活工作，应立即关闭并向最近的航空管制报告。

（5）使用后关闭时，将其从水中取出，折回天线，使其躺倒在地上。

第六节　其他应急设备

一、扩音器

扩音器存储在客舱行李架上方，用于飞机电源切断时内话系统失灵或紧急撤离时发布信号，如图 11-22 所示。

扩音器的使用方法如下。

（1）拿起扩音器朝向旅客。

（2）将扩音器靠近嘴部，按下手柄上的送话开关。

图 11-22 扩音器

（3）开始讲话，根据声音大小调节音量。

使用扩音器时的注意事项如下。

（1）不要将扩音器音量调节过大或对着机身讲话，会出现回音。

（2）禁止用扩音器对着人的耳朵讲话，以免受伤。

二、手电筒

手电筒存储在乘务员座椅下方，用于飞机电源切断或紧急撤离时发布求救信号、指挥、搜索，如图 11-23 所示。

手电筒的使用方法如下。

（1）从存储位置的固定支架中取出。

（2）自动发光，使用时间约 0.5 ～ 4.2 小时。

（3）使用后必须将手电筒放回存储位置。

使用手电筒时的注意事项：飞行前检查并确认手电筒在指定位置并且固定好；确认手电筒的电能 LED 检测灯 3 ～ 5 秒闪亮一次，如果间隔时间超标，可能没电或电量不足，应通知地面机务人员及时更换。

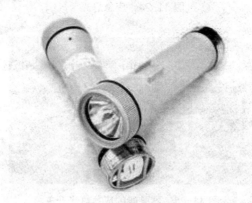

图 11-23　手电筒

三、应急灯光

应急灯光包括内部应急灯光和外部应急灯光。内部应急灯光是指地面和通道上的撤离指示灯和应急出口灯等；外部应急灯光是指位于每个门后面的滑梯照明灯光、滑梯自身的滑梯接地区照明、机翼撤离路线灯等。应急灯光如图 11-24 所示。

应急灯光的使用方法如下。

（1）自动方式：当驾驶舱内应急灯光开关置于 "ARM" 位置时，如图 11-25 所示，飞机供电系统一旦失效，所有应急灯光（包括内部和外部）将自动接通，照明时间可持续 12 ～ 20 分钟。

（2）人工方式：当驾驶舱内应急灯光开关置于 "ON" 位置时，所有应急灯光都会亮；当客舱乘务员控制面板上的应急灯光开关置于 "ON" 位置时，所有应急灯光都会亮，并且可以操控驾驶室；通常情况下客舱乘务员控制面板上的应急灯光开关置于 "NORMAL" 位置。

使用应急灯光时的注意事项：飞行前检查并测试所有的应急灯光在正常的工作状态。

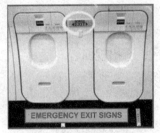
（a）应急出口灯

（b）撤离指示灯

（c）机翼撤离路线灯

（d）滑梯照明

图 11-24 应急灯光

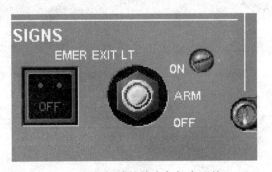

图 11-25 驾驶舱的应急灯光开关

第七节 应急设备分布

一、应急设备标志

常用应急设备标志，如表 11-2 所示。

表 11-2 常用应急设备标志

图　标	中 文 名 称	英 文 名 称
CO_2	二氧化碳灭火瓶	Extinguisher

续表

图　　标	中 文 名 称	英 文 名 称
	水灭火瓶	Water Extinguisher
	干粉灭火瓶	Dry Chemical Extinguisher
	海伦灭火瓶	Halon / BCF Extinguisher
	手提氧灭火瓶	Portable Oxygen Bottle
	带有防烟面罩的手提氧气瓶	Portable Oxygen Bottle With Smokemask Attached
	一次性氧气面罩	Disposable Oxygen Mask
	氧气面罩	Full Face Oxygen Mask
	防烟面罩	Smokehood Protective Breathing Equipment
	没有撤离滑梯的出口通道	Exit Path Without Escape Strap
	带有逃生绳的出口通道	Exit Path With Escape Strap
	带有撤离滑梯的出口通道	Exit Path With Escape Slide
	圆形救生船	Life Raft
	应急发射机	Emergency Transmitter

图 标	中 文 名 称	英 文 名 称
	救生衣	Life Vest
	防护手套	Protective Gloves
	防烟镜	Smoke Gooles
	斧子	Crash Axe
	麦克风	Megaphone
	指挥棒	Baton
	手铐	Handcuffs
	手电筒	Flashlight
	应急药箱	Emergency Medical Kit
	急救箱	First Aid Kit
	手提出口灯	Portable Exit Light
	清醒剂	Resuscitator
	人工释放工具	Release Tool
	带有撤离滑梯/救生船的出口通道	Exit Path With Slide Raft

续表

图　标	中 文 名 称	英 文 名 称
S K	救生包	Survival Kit
DK	安全演示包	Demonstration

二、应急设备分布图

1. B737-800 型客机的应急设备分布

B737-800 机型的应急设备分布有三种情况，如图 11-26 所示。

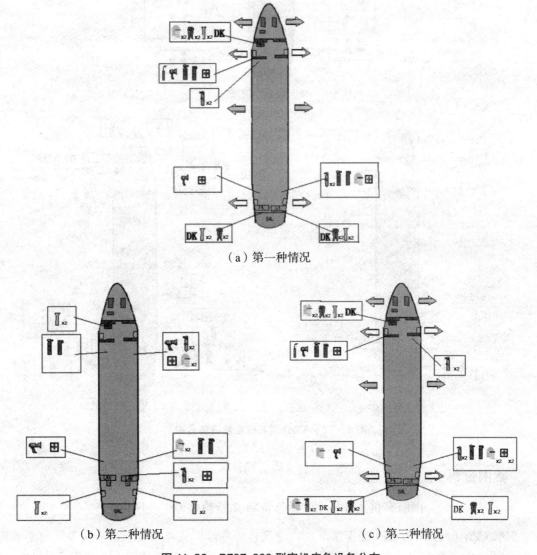

（a）第一种情况

（b）第二种情况　　　　　　　（c）第三种情况

图 11-26　B737-800 型客机应急设备分布

2. A320 型客机的应急设备分布

A320 机型的应急设备分布有三种情况，如图 11-27 所示。

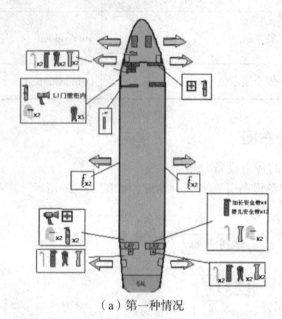

（a）第一种情况

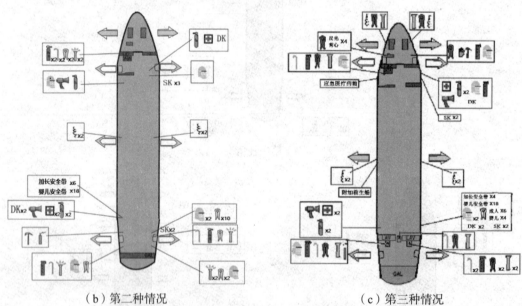

（b）第二种情况　　　　　　　　　　（c）第三种情况

图 11-27　A320 型客机应急设备分布

📖 **案例资料**

南航客机飞桂林途中紧急备降 系货舱火警灯亮所致

南航 CZ6406 航班，在执行南京至桂林段飞行任务时，在空中发生货舱火警，紧急备降长沙机场，并在跑道上执行紧急撤离。因跑道被占用，长沙黄花国际机场事发当晚 22：16

至凌晨 1：16 关闭三小时。

南航向记者回复的情况说明称：南航 CZ6406 航班（南京—桂林）在飞行过程中，机组发现货舱火警灯亮，为确保飞行安全，机组立即启动应急处置程序，决定就近备降长沙机场，飞机于 21：56 安全降落。

机组按照手册规定，严格执行紧急撤离程序，组织全体旅客迅速从滑梯安全撤离。航班共 151 名旅客，其中 1 名旅客在经滑梯撤离过程中脚踝轻微受伤，经检查无大碍。全部旅客均已妥善安置。飞机经机务部门初步检查确认未发现明火，有关情况正在进一步调查中。南航将另调派飞机执行该航班。

资料来源：唐晓燕.南航一客机飞桂林途中遇紧急情况备降长沙.南国早报，2017-11-13.

【点评分析】

1．本事件属于有准备时间的陆地撤离，南航机组发现货舱火警后果断执行紧急撤离程序，备降后在跑道上展开陆地撤离，使用滑梯撤离旅客，151 名旅客中仅有 1 人脚踝受轻微伤，说明机组应急处理能力较强，操作程序熟练，有效地减少了人员伤亡和经济损失。

2．乘客紧急撤离时，要保持冷静，听从安全指令，取下尖锐物品，做好防冲撞姿势，采取正确姿势有序地跳入滑梯，不要携带任何行李。

知识链接

应急撤离的程序

一、有准备的水陆撤离程序

（一）有准备的陆地撤离程序

1．乘务长从驾驶舱获取应急撤离信息。

2．乘务长召集民航乘务员，传达应急迫降的信息并对乘务员进行责任分工。

3．应急迫降前，乘务组需完成以下工作。

（1）广播通知旅客航班需要应急迫降的决定。

（2）确认旅客坐好并系好安全带。

（3）告知旅客收直椅背、扣好小桌板、收起脚踏板。

（4）关闭厨房电源及娱乐系统，固定客舱和厨房设备，清理出口和通道。

（5）按照协助者的选择方式在本航班上寻找合适的协助者并调整旅客座位。

（6）广播介绍应急撤离出口位置、路线。

（7）要求旅客取下随身佩戴的锐利物品，放松衣服、存放好行李。

（8）演示防冲撞姿势。

（9）确认民航乘务员自身准备工作完成后，报告乘务长。

（10）当乘务组准备工作完成后，由乘务长报告机长。

4．防止冲撞

（1）当飞机下降到 300 米，驾驶舱发出"准备冲撞"口令，乘务员提醒旅客系好安全带，做好防冲撞姿势。

（2）当飞机下降到 150 米，驾驶舱发出警告，乘务员必须坐在乘务员座椅上并系好安全带和肩带。

（3）当飞机下降到30～50米，驾驶舱发出"冲撞开始"的口令，乘务员高喊三遍"紧迫用力"，并做好防冲撞姿势直至飞机完全停稳。

（4）当飞机完全停稳后，乘务员提醒旅客解开安全带、不要动、听从指挥。

5．当飞机着陆停稳后，机长宣布"撤离"命令。如广播系统失效，撤离铃响或应急灯亮，乘务员应立即组织旅客撤离。

6．开启舱门，撤离飞机。

（1）判断飞机完全停稳，确认滑梯预位，观察外面情况（如无烟、无火、无障碍物）后，打开所需要的机舱门和出口。

（2）确认滑梯充气状况，指挥旅客撤离飞机。

（3）旅客撤离完毕后，乘务组检查客舱后报告机长，随后带好所需物品撤离飞机。

（4）机长做最后的清舱后撤离飞机。

7．应急撤离后续工作如下。

（1）把旅客安排在远离飞机至少100米的安全距离之外。

（2）清点旅客和机组成员人数，报告机长。

（3）组织救治伤者。

（4）发出求救信号。

（5）尽可能设置一名机组成员做警卫，以确保邮件、包裹或飞机各部分不受干扰。

（二）有准备的水上撤离程序

有准备的水上撤离程序与陆上撤离程序的前5项基本相同，第3项增加了救生衣演示以及协助旅客在舱内穿好救生衣。6、7项程序不同，归纳如下。

6．开启舱门，撤离飞机。

（1）确认飞机在水上完全停稳后解开安全带。

（2）判断水面状况，确认机舱门在水面上、分离器在预位位置后打开所需要的机舱门和出口。

（3）救生船自动充气后检查充气状况，若充气不足或未完成，则拉动人工充气手柄。

（4）救生船充气完成后，指挥旅客撤离飞机。

（5）离开飞机或上船前给救生船充气。

（6）旅客撤离完毕后，乘务组检查客舱后报告机长，随后带好所需物品撤离飞机。

（7）机长做最后的清舱后撤离飞机。

（8）机上人员全部撤离后，释放救生船，并切断机体与救生船之间的连接绳。

7．应急撤离后续工作如下。

（1）水上撤离应选择风下侧，撤离后组织旅客在远离飞机至少100米的安全距离以外，离开燃油区和燃烧区。

（2）组织营救落实者和救治伤者。

（3）到达安全区域后，连接救生船并固定位置，清点旅客和机组成员人数，报告机长。

（4）使用求救设备发出求救信号。

（5）尽可能设置一名机组成员做警卫，以确保邮件、包裹或飞机各部分不受干扰。

二、有限时间准备的水陆撤离程序

有限时间准备的水陆撤离程序与有准备的水陆撤离程序基本相同。

三、异常情况下的撤离程序

（一）无准备的陆地撤离程序

1．乘务员迅速判断，下达系好安全带等指令，直至飞机完全停稳。

2．呼叫机长，听从机长指令，协调应急撤离。

3．确认或打开应急灯。

4．开舱门前，观察外面情况，是否无烟、火或障碍。

5．指挥旅客撤离并远离飞机。

6．撤离后，执行有准备的应急撤离程序。

（二）无准备的水上撤离程序

1．协助旅客穿好救生衣。

2．开舱门前，观察外面的情况，确认舱门在水上面。

3．开门后，观察救生船充气情况。

4．指挥旅客上船撤离并远离飞机。

5．撤离后，执行有准备的应急撤离程序。

练习题

1．紧急撤离设备有哪些？

2．当紧急出口滑梯失效时，是否还有用？

3．飞机翼上出口的滑梯可以做救生船使用吗？

4．救生包内设备有哪些？列举五种。

5．救生船上的设备有哪些？列举五种。

6．救生衣的使用方法和注意事项是什么？

7．应急定位发射器在陆上使用和水上使用的区别是什么？

8．应急灯光包括哪些？如何操作？

参 考 文 献

［1］飞机设计手册总编委会. 飞机设计手册 11：民用飞机内部设施［M］. 北京：航空工业出版社，1998.

［2］周为民，苗俊霞，车云月，等. 民用航空客舱设备教程［M］. 北京：清华大学出版社，2014.

［3］苗俊霞，周为民，杨桂芹，等. 民用航空安全与管理［M］. 北京：清华大学出版社，2015.

［4］汤黎，何梅. 客舱安全管理与应急处置［M］. 北京：国防工业出版社，2016.

［5］龙江，周斌，庞杰. 飞机系统［M］. 成都：西南交通大学出版社，2017.

［6］今夜秋水 02. 商用航空百年简史［EB／OL］.（2014-01-06）［2019-01-03］. http://www.360doc.com/content/14/0106/07/11434012_342954450.shtml.

［7］适航与安全. 民用航空器客舱安全的起源与发展［EB／OL］.（2015-01-12）［2019-01-03］. http://news.carnoc.com/list/303/303891.html.

［8］昂海松，余雄庆. 飞行器先进设计技术［M］. 北京：国防工业出版社，2014.

［9］盛美兰，江群. 民航客舱设备操作实务［M］. 北京：中国民航出版社，2011.

［10］徐剑. 民用飞机客舱布置方法研究［J］. 科技信息，2012（28）：435-436.

［11］柳智慧. 民用飞机客舱设备选型的研究和思考［J］. 中国民用航空，2008（10）：90-91.

［12］赵鸣，徐振领. 客舱设备与服务［M］. 北京：国防工业出版社，2013.

［13］孙佳. 民航安全管理与应急处置［M］. 北京：中国民航出版社，2012.

［14］王黎静. 飞机人因设计［M］. 北京：北京航空航天大学出版社，2015.

［15］周连斌. 基于情景分析的客舱安全文化场景管理研究［J］. 交通企业管理，2014（7）：68-70.

［16］辜英智，邓红军. 空乘服务与客舱设备［M］. 成都：四川大学出版社，2013.

［17］天津航空有限责任公司. http://www.tianjin-air.com/

［18］中国南方航空有限公司. http://www.caacnews.com.cn

［19］厦门航空有限责任公司. https://www.xiamenair.com/zh-cn/

［20］王忠义. 客舱设备运行［EB／OL］.（2018-6-30）［2018-09-15］. http://wenku.baidu.com/view/45677381f524ccbff12184a3.html.